茄果类蔬菜设施栽培技术

主　编　郭　竞　申爱民　黄　文

中原农民出版社

· 郑州 ·

图书在版编目（CIP）数据

茄果类蔬菜设施栽培技术/郭竞，申爱民，黄文主编．
郑州：中原农民出版社，2019.1
ISBN 978－7－5542－2033－7

Ⅰ．①茄⋯　Ⅱ．①郭⋯　②申⋯　③黄⋯　Ⅲ．①茄果类－
温室栽培　Ⅳ．①S626.5

中国版本图书馆 CIP 数据核字（2019）第 007409 号

出版社：中原农民出版社
地址：郑州市金水东路 39 号出版产业园 C 座
邮政编码：450016　　　　　　电话：0371－65751257（传真）
发行单位：全国新华书店
承印单位：河南安泰彩印有限公司
投稿信箱：djj65388962@163.com
交流 QQ：895838186
策划编辑电话：13937196613
邮购热线：0371－65788651
开本：787mm×1092mm　　　　　1/16
印张：10
字数：230 千字
版次：2019 年 2 月第 1 版　　　印次：2019 年 2 月第 1 次印刷

书号：ISBN 978－7－5542－2033－7　　　　　定价：50.00 元
本书如有印装质量问题，由承印厂负责调换

本书编者

主　　编　郭　竞　申爱民　黄　文
副主编　韩　荔　曾维银　张　舜　孟海利　别志伟
　　　　　陈　曼　王秋云　刘　伟　曹亚青
参　　编　徐　青　张新岭　李红记　周海霞　李永辉
　　　　　葛桂民　王建宾　赵英凯　张晓炎　李自娟
　　　　　李志萌　刘　璇　方　娜

前　言

　　常见的茄果类蔬菜有辣（甜）椒、茄子、番茄等，是我国设施栽培重要的蔬菜种类。茄果类蔬菜不仅含有丰富的维生素、矿物质、碳水化合物、有机酸及蛋白质等人体必需的营养物质，而且是加工制品的好原料。茄果类蔬菜由于产量高，生长及供应季节长，经济利用范围广泛，所以全国各地普遍栽培。

　　为加快我国设施蔬菜产业发展，保障市场有效供给，提高城乡群众生活质量，丰富市民"菜篮子"，充实菜农"钱袋子"，郑州市蔬菜研究所组织相关专家，通过总结他们在茄果类蔬菜设施生产方面积累的理论及实践经验，并参阅国内外茄果类设施蔬菜生产技术的最新研究成果，编写了本书。

　　本书详细介绍了辣（甜）椒、茄子、番茄设施栽培的优良品种及设施栽培技术。内容注重实用性，针对性强，通俗易懂，可读性强，为从事茄果类蔬菜设施生产的农民提供了可靠实用的技术资料，也可作为茄果类设施蔬菜栽培技术培训及茄果类设施蔬菜生产管理人员的参考书。

　　由于本书涉及的内容广，编写时间紧，加之编写人员水平有限，书中错误和疏漏之处在所难免，敬请广大读者、同行批评指正。

编　者

目 录

第一章　茄果类蔬菜设施栽培的优良品种

第一节　辣(甜)椒优良品种

一、辣椒品种

1. **郑椒 11 号**　郑州市蔬菜研究所选育的杂交一代辣椒品种。

植株生长势强,株高 70 厘米,株幅 65 厘米。早熟,连续坐果能力强。青熟果果色黄绿,老熟果果实红色;果实粗羊角形,纵径 18～25 厘米,平均横径 3.5 厘米,果肉厚约 0.3 厘米,单果重 50～80 克,味辣,品质佳。抗病性强,亩产量 4 000～5 000 千克。

适宜于日光温室、大棚、中小拱棚春保护地栽培。

2. **郑椒 17**　郑州市蔬菜研究所选育的杂交一代辣椒品种。

植株生长势强,抗逆性强,早熟。青熟果黄绿色,成熟果果实红色;果面光亮,商品性较好。果实羊角形,纵径 20～28 厘米,横径 4 厘米左右,单果重 75～135 克。对病毒病、疫病、炭疽病抗性强。亩产量 5 000 千克左右。

适宜于河南、广西、湖北、陕西、云南、重庆、江苏、浙江等地春秋大棚及春露地栽培。

3. **郑椒 19**　郑州市蔬菜研究所选育的杂交一代辣椒品种。

植株生长势强,抗逆性强,平均株高 92.5 厘米,平均株幅 78.3 厘米,中早熟。青熟果黄绿色,果面微皱。果实羊角形,纵径 22～29 厘米,平均横径 4.1 厘米,单果重 70～130 克。抗病性较强,亩产量 4 000～5 000 千克。

适宜于河南、陕西、重庆、云南、湖北、广西等地早春保护地及春露地栽培。

4. **郑椒 20**　郑州市蔬菜研究所选育的杂交一代辣椒品种。

植株生长势强,平均株高 73.5 厘米,株幅 65 厘米,中早熟。青熟果绿色,果面微皱。果实牛角形,纵径 18～24 厘米,平均横径 5.4 厘米,单果重 75～150 克。抗病性较强,亩产量 4 000～5 000 千克。

适宜于河南、重庆、云南、陕西、湖北等地早春露地及春秋大棚栽培。

5. **豫美人**　郑州市蔬菜研究所选育的杂交一代辣椒品种。

植株生长势强,抗病性及抗逆性强,中早熟。青熟期果实黄绿色,果面光滑,商品性好。果实细长羊角形,纵径 22 厘米左右,横径 1.5 厘米左右,平均单果重 21.4 克。亩产量 3 000～4 000 千克。

适宜于春秋保护地及露地栽培。

6. **皇鼎三号**　郑州郑研种苗科技有限公司、郑州市蔬菜研究所选育的杂交一代辣椒品种。

植株长势旺盛,连续坐果能力强,中早熟。果实纵径 27～30 厘米,横径 4～5 厘米,单果重 70～120 克,青熟果黄绿色,椒体光滑美观,辣味适中,口感好,肉厚,耐储运。耐高温、高湿,抗病能力强,低温条件下坐果正常。

适宜于国内大部分区域春秋保护地及露地栽培。

7. **皇鼎六号**　郑州郑研种苗科技有限公司、郑州市蔬菜研究所选育的杂交一代辣椒品种。

植株生长势健壮,抗病性强,早熟。耐低温弱光,容易坐果,连续坐果能力强。果实粗长羊角形,纵径 25～33 厘米,横径 4.5～6 厘米,单果重 100～130 克。青熟果浅黄色发亮,辣味中等,肉质厚,口感脆嫩爽口,味道鲜美,综合性状极佳。

适宜于长江以北地区辣椒主产区春秋保护地栽培。

8. **康大 601**　郑州郑研种苗科技有限公司、郑州市蔬菜研究所选育的杂交一代辣椒品种。

中早熟。果实粗长牛角形,纵径 20～26 厘米,横径 4～5 厘米,肉厚 0.45 厘米,单果重 140～160 克,大果可达 280 克,青熟果果色翠绿有光泽。与康大 301 相比其特点为前期产量明显提高的同时,中后期的增产潜力特别强,前后期果实一致性好,连续坐果能力强。综合抗病性也有大幅度提高。

适宜于春秋大棚、中棚、小棚栽培,春露地和日光温室栽培,全国各地均可栽培。

9. **康大 603**　郑州郑研种苗科技有限公司、郑州市蔬菜研究所选育的杂交一代辣椒品种。

植株生长势旺盛,抗病性强,耐低温能力较强。早熟性好,易坐果,膨果速度快,连续坐果能力强,前后期果形基本一致。青熟果果色较绿,果形美观,光泽度好。果实粗牛角形,纵径 25 厘米左右,横径 5 厘米左右,单果重 200 克左右,大果可达 300 克。

适宜于全国各地春秋保护地及春露地栽培。

10. **福湘 2 号**　湖南省蔬菜研究所选育的杂交一代辣椒品种。

植株生长势较强,坐果集中且多,膨大迅速,早熟。果实粗牛角形,纵径 14～16 厘米,横径 5～6 厘米,单果重 90～110 克,青熟果果色嫩绿,果表有纵棱,肉厚,品质佳。抗病力强,丰产性能好,果皮薄,微辣。一般亩产量 3 000 千克左右。

适宜于早春大棚和露地栽培,也适合作秋延后栽培。

11. **中椒 506 号**　中国农业科学院蔬菜花卉研究所选育的杂交一代辣椒品种。

始花至果实青熟期 35 天左右。微辣,果实筒形,果面坑凹,果脐凹或凸,2～3 心室,纵径 18～20 厘米,横径约 5 厘米,肉厚约 0.4 厘米,单果重 100～150 克。青熟期至成熟期果实由亮绿色变红色,商品性好。

适宜于我国南北辣椒产区露地或保护地栽培。

12. **苏椒 5 号博士王**　江苏省农业科学院蔬菜花卉研究所选育的杂交一代辣椒品种。

早熟,比苏椒 5 号早熟 5 天左右,分枝性强。早期结果多且连续坐果性强,果实膨大速度快。果实大,长灯笼形,青熟果黄绿色,皱皮,皮薄肉嫩,微辣,平均单果重比苏椒 5 号增加 10 ~ 20 克,且后期结果仍能保持大果特性。亩产量 5 000 千克左右。

适宜于全国各地大多数地区作春季保护地栽培,亦用作秋延后栽培。

13. **开蔬春华** 开封市蔬菜科学研究所选育的杂交一代辣椒品种。

株高 50 ~ 55 厘米,株幅 45 ~ 50 厘米,极早熟。果实长灯笼形,纵径 16 ~ 18 厘米,横径 5 厘米左右,单果重可达 155 克,青熟果果皮浅绿具皱褶,皮薄质脆,辣味浓,品质优,口感极佳,耐低温弱光。亩产量 4 000 千克左右。

适宜于早春及秋延后保护地栽培。

14. **国福 501** 北京市农林科学院蔬菜研究中心选育的中早熟红椒专用杂交一代品种。

青熟果翠绿色,成熟果鲜红亮丽,果面光滑,微辣型,商品性佳,耐储运。果实锥牛角形,纵径 16 ~ 18 厘米,横径 5.6 ~ 6.0 厘米,单果重 110 ~ 160 克。连续坐果能力强,商品率高。抗病毒病、青枯病和疮痂病。

适宜于高山反季节栽培及秋延后拱棚栽培。

15. **国福 913** 北京市农林科学院蔬菜研究中心选育的杂交一代辣椒品种。

植株生长健壮,中早熟,连续坐果能力强,膨果速度快。果实长宽羊角形,果形顺直,果面光滑。果实纵径 28 ~ 33 厘米,横径 4.6 厘米左右,单果重 140 ~ 170 克,青熟果淡绿色,老熟果红色,红椒、绿椒均可上市。辣味适中,口感佳,耐储运。抗烟草花叶病毒病,较耐热耐湿。

适宜于北方地区设施栽培。

16. **平椒 9199** 平顶山市蔬菜研究中心选育的杂交一代辣椒品种。

植株生长势强,抗逆性强,定植至始收 48.8 天,平均株高 63.4 厘米,株幅 69.9 厘米,早熟。果实羊角形,平均纵径 20.2 厘米,平均横径 3.2 厘米,果肉厚 0.34 厘米,平均单果重 48.2 克,果实青熟期乳黄色,果面光滑,商品性好。亩产量 4 500 千克。抗病毒病、疫病、炭疽病能力强。

适宜于各地春秋保护地和春露地栽培。

17. **新金富 808** 河南豫艺种业科技发展有限公司选育的杂交一代辣椒品种。

耐寒、耐弱光性好,保护地栽培生长势健壮,不易徒长,易坐果,抗性强。节间短,分枝能力强,多为三叉分枝,连续坐果能力强。早熟,门椒多为 2 个,且能同时膨大。果实纵径 25 ~ 33 厘米,横径 3.5 ~ 4.5 厘米,青熟果果色黄亮如玉,商品性好。

适宜于北方早春和秋延后保护地栽培。

18. **珍美** 湖南湘研种业有限公司选育的杂交一代辣椒品种。

中熟,株高 50 厘米,株幅 45 厘米。果实牛角形,纵径 25 ~ 27 厘米,横径约 4.5 厘米,单果重 120 克左右,果肩略皱,青熟果黄绿色,红果艳丽,硬度好,微辣。膨果速度快,后期果实较长。抗性较好。

适宜于全国各地喜爱黄皮大牛角椒地区栽培。

19. **大果 99** 湖南湘研种业有限公司选育的杂交一代辣椒品种。

植株生长势较强,早熟。果实粗牛角形,果实平均纵径 14.8 厘米,平均横径 5.8 厘米,单果重 100 克左右。果皮薄,果实青熟期至成熟期,果色由浅绿色转鲜红色,光泽度好。果表有纵棱,果实整齐一致,微辣。坐果集中,生长速度快,丰产性好,抗病毒病和疫病的能力强,适应性广。

适宜于早春大棚或小拱棚早熟栽培,也适宜南菜北运基地栽培或秋延后栽培。

20. **安椒 15** 安阳市农业科学院选育的杂交一代辣椒品种。

植株生长势强,坐果能力强,早熟。青熟果浅绿色光亮,辣味适中,商品性好。果实牛角形,纵径 26～30 厘米,横径 5 厘米左右。高抗病毒病,适应性广,单株产量 1 400 克左右。

适宜于冬春茬、早春茬及秋延后保护地栽培。

21. **安椒 18** 安阳市农业科学院选育的杂交一代辣椒品种。

早熟,连续坐果能力强。果实牛角形,纵径 18～25 厘米,横径 5.5～6 厘米,平均单果重 150 克,微辣,质脆,果皮光亮。高抗病毒病、疫病,亩产量 4 500～5 000 千克。

适宜于保护地、早春露地及秋延后栽培。

22. **海丰 28 号** 北京市海淀区植物组织培养技术实验室选育的杂交一代辣椒品种。

植株生长势强,连续坐果性好,抗病和抗逆能力强,早熟。果实浅绿色,粗羊角形,果实纵径 20～23 厘米,横径约 3 厘米,单果重 80 克左右,果味辣,果面光滑。亩产量 4 500 千克左右。

在我国北至黑龙江,南到海南岛均试种成功。保护地、露地均可栽培。

23. **航椒 5 号** 天水绿鹏农业科技有限公司、中国科学院遗传与发育生物学研究所、中国空间技术研究院选育的杂交一代螺丝椒品种。

早中熟,从定植至青熟果采收 55 天左右,株高 126.5 厘米左右,株幅 68.2 厘米左右,株型紧凑,叶色深绿。单株果数 21 个左右,单果重 41.5 克左右。果实羊角形,纵径 30 厘米左右,横径 3.1 厘米左右,果肉厚 0.28 厘米左右,果面光滑,果肩皱,青熟果深绿色,老熟果紫红色,商品性好,果味辣。耐低温、寡照、高湿,适应性广,亩产量 5 000 千克左右。

保护地、露地栽培均可,最适宜保护地栽培。

24. **陇椒 5 号** 甘肃省农业科学院蔬菜研究所选育的杂交一代螺丝椒品种。

早熟,植株生长势强,株高 77 厘米,株幅 71 厘米。果实羊角形,纵径 25 厘米左右,果肩宽 3 厘米左右,平均单果重 46 克左右,每亩产量 4 000 千克左右。果青熟果色绿,果面皱,果味辣,果实商品性好。抗疫病。

适宜于西北地区保护地和露地栽培,也适宜北方地区大棚、日光温室及露地栽培。

25. **甘科 5 号** 甘肃绿星农业科技有限责任公司选育的杂交一代螺丝椒品种。

中早熟,植株生长势强,株高 90～100 厘米,株幅 65～70 厘米。抗病性强,坐果性强,结果期持久。青熟果绿色,果实皱皮长羊角形,纵径 30~35 厘米,横径 3.5~3.8 厘米,果肉厚 0.2 厘米,单果重 75 克。辣味浓,鲜食口感好,品质细嫩优良,一般亩产量在 5 000 千克以上。

适宜于保护地、露地栽培。

二、甜椒品种

1. **中椒 104**　中国农业科学院蔬菜花卉研究所选育的杂交一代甜椒品种。

植株生长势强,连续坐果性好。中晚熟,从始花至采收约 50 天。果实方灯笼形,4 心室率高,果面光滑,果色绿,单果重 180~230 克,肉厚 0.5~0.6 厘米,果实商品性好。抗病毒病,耐疫病。亩产量 4 000~6 000 千克。

适宜于北方冬茬塑料大棚栽培或长季节栽培。

2. **中椒 107**　中国农业科学院蔬菜花卉研究所选育的杂交一代甜椒品种。

早熟,定植后 30 天左右开始采收。果实灯笼形,3~4 个心室,单果重 150~200 克。青熟果绿色,果肉脆甜。抗烟草花叶病毒病,中抗黄瓜花叶病毒病。亩产可达 4 000~5 000 千克。

适宜于保护地早熟栽培,也可露地栽培。

3. **海丰 27 号**　北京市海淀区植物组织培养技术实验室选育的杂交一代甜椒品种。

早熟,果实青熟期绿色,长方灯笼形,果实纵径 14~16 厘米,横径 8~9 厘米,果肉厚 0.5 厘米,单果重 200~250 克。果面光滑有光泽,早熟性好,坐果率高,连续坐果能力强,前期产量高,亩产量 5 000 千克左右。高抗病毒病、青枯病,耐疫病,而且抗低温能力强。

适宜于早春和秋延后保护地栽培,也可露地栽培。

4. **龙椒十一号**　黑龙江省农业科学院园艺分院选育的杂交一代甜椒品种。

植株生长势强,株高 70 厘米,株幅 65 厘米,叶色深绿,连续坐果能力强,早熟。果实长方形,果面光滑,青熟果绿色,果实纵径 11 厘米左右,横径 7 厘米左右,肉较厚,耐储运,果实商品性好,平均单果重 150 克。抗炭疽病、疮痂病,耐疫病、烟草花叶病毒病和黄瓜花叶病毒病。耐低温、弱光,耐热性强。丰产性强,亩产量可达 5 000 千克。

适宜于全国各地保护地、露地地膜栽培,是黑龙江省秋延后储藏保鲜较理想的品种。

5. **曼迪**　荷兰瑞克斯旺种苗集团公司选育的杂交一代甜椒品种。

植株生长势中等,节间短。坐果率高,果实灯笼形,果肉厚,纵径 8~10 厘米,横径 9~10 厘米,单果重 200~260 克。外表亮度好,成熟后转红色,色泽鲜艳,商品性好。可以绿果采收,也可以红果采收,耐储运,货架期长。抗烟草花叶病毒病。

适宜于秋冬、早春日光温室栽培。

6. **辛普森**　荷兰瑞克斯旺种苗集团公司选育的杂交一代甜椒品种。

植株生长势强,大果型,方形果,成熟后橙色,口味好。高产,单果重 200～250克,货架期长。抗烟草花叶病毒病。

适宜于秋冬、早春日光温室栽培。

7. **黄太极** 荷兰瑞克斯旺种苗集团公司选育的杂交一代甜椒品种。

植株开展度大,生长能力强,节间短。坐果率高,灯笼形,成熟后转黄色,生长速度快。在正常温度下,果实纵径 8～10 厘米,横径 9～10 厘米,单果重 200～250 克。果实外表光亮,可以绿果采收,也可以黄果采收,商品性好,耐储运。抗烟草花叶病毒病。

适宜于冬暖式温室和早春大棚栽培。

第二节 茄子优良品种

一、紫茄品种

1. **郑茄 2 号** 郑州市蔬菜研究所选育的杂交一代紫茄品种。

植株生长势强,抗逆性强,平均株高 86 厘米,株幅 76.6 厘米。生育期 173 天,春季从定植至始收 53.7 天,中早熟。果实圆形,果皮紫黑色,果面光滑,果肉浅绿白色,果肉致密,肉质细嫩,果实平均纵径 12.6 厘米,平均横径 13.0 厘米,平均单果重 560克,最大单果重 1 600 克。抗病性强,亩产量 4 500～5 000 千克,高产可达 6 000 千克以上。

适宜于国内喜食圆茄地区早春保护地和露地栽培。

2. **茄杂 6 号** 河北省农林科学院经济作物研究所选育的杂交一代紫茄品种。

植株生长势较强,株型紧凑,棚室中连续坐果能力强,中早熟。果实扁圆形,果色紫黑,着色好,果肉浅绿,平均单果重 901.4 克,商品性好。抗病性强,亩产量 7 000千克左右,为春秋棚室茄子专用品种。

适宜于华北地区栽培。

3. **茄杂 13 号** 河北省农林科学院经济作物研究所选育的杂交一代紫茄品种。

植株生长势强,株型高大,中早熟。果实圆形,紫黑色,果肉浅白色,肉质细腻,果面光滑,光泽度好,单果重 800～1 150 克,果实膨大速度快,连续采收期长。抗逆性强,丰产性好,亩产量 7 000 千克左右。

适宜于早春保护地和露地栽培。

4. **博杂 1 号** 河南省农业科学院园艺研究所选育的杂交一代紫茄品种。

中晚熟,植株生长势强。果实黑紫色,圆形,果肉白色细嫩,味甜,口感好,不易老,不褐变,种子较少,商品性佳。平均单果重 750 克,最大 2 300 克。高抗病毒病,抗褐纹病和绵疫病,亩产量 5 500 千克。

适宜于河南、河北、山东、山西、陕西等地春提前、秋延后设施栽培和露地栽培。

5. **圆杂 16** 中国农业科学院蔬菜花卉研究所选育的杂交一代紫茄品种。

植株生长势强,连续结果性好,中早熟。果实扁圆形,纵径 9～10 厘米,横径 11～13 厘米,单果重 350～700 克。果色紫黑,有光泽,肉质细腻,味甜,商品性好,亩产量 4 500 千克左右。

适宜于华北、西北地区春日光温室、露地和早春塑料大棚栽培。

6. **安茄 2 号** 安阳市农业科学院选育的杂交一代紫茄品种。

植株生长势强,茎秆粗壮,抗倒伏,株高 95 厘米左右,株幅 85 厘米,叶较大,叶色深绿带紫晕。中晚熟,从定植到始收 50～60 天,多花序,隔 1 节着生 1 个花序。果实近圆形,单果重 1 000～1 500 克,果面光滑,紫红发亮,果肉白而细嫩,内含种子少,商品性佳,且特耐老化。植株不早衰,单株同时坐果最多达 13 个。耐热、抗病、适应性广,亩产量 6 000 千克以上。

可作保护地长效栽培,也可作春露地及麦茬恋秋栽培。

7. **黑帅圆茄** 河北农业大学园艺学院选育的杂交一代紫茄品种。

植株生长势强壮,株型紧凑,植株开展度小,直立性强,坐果能力强,中晚熟。果实为圆球形,果皮紫黑色,平均单果重 720 克,最大达 1 100 克。果肉洁白,褐变轻。耐热能力较强,抗病能力中等。亩产量 6 164.7 千克左右。

适宜于华北地区日光温室、塑料大棚及露地栽培。

8. **辽茄 15 号** 辽宁省农业科学院蔬菜研究所选育的杂交一代紫长茄品种。

中早熟,株型直立,平均株高 91.5 厘米,茎紫色,叶片中等大、绿紫色,无叶刺,花紫色。果实长棒状,果实平均纵径 20.5 厘米,横径 5.5 厘米,果顶为圆形,单果重 178 克。商品果果皮紫黑色、光泽度强,果面无条纹,果实无棱。果尊中等大、紫色,果尊下果皮颜色为深粉色。对黄萎病和绵疫病的抗性强,一般亩产量 4 900 千克左右。

适宜于辽宁省保护地栽培,依地区不同可选择春大棚或日光温室早春茬栽培。

9. **9318 长茄** 中国农业科学院蔬菜花卉研究所选育的杂交一代紫长茄品种。

植株生长势强,株型直立,单株结果数多,中早熟。果实长棒形,纵径 30～35 厘米,横径 5～6 厘米,单果重 250～300 克。果色紫黑,有光泽,肉质致密细嫩,种子少。果实耐老、耐储运,抗病性、抗逆性强,亩产量 4 000 千克以上。

适宜于华北、西北及东北地区露地和保护地栽培。

10. **京茄 30 号** 北京市农林科学院蔬菜研究中心选育的杂交一代紫长茄品种。

中早熟,植株生长势强。果实长棒形,果实纵径 30～40 厘米,横径 5～8 厘米。果皮亮紫红色、有光泽,商品性极好。丰产、抗病。

适宜于保护地及露地栽培,可在我国南北方栽培。

11. **国茄 1 号** 湖南省蔬菜研究所选育的杂交一代紫长茄品种。

植株生长势强,株高约 90 厘米,株幅约 80 厘米。早熟,商品性好。果实长棒形,果皮黑亮、光泽极好,果实纵径约25厘米,横径约5厘米,单果重约200克。坐果性好,耐寒性强,耐肥。较抗青枯病和黄萎病,一般亩产量4 000千克左右。果肉黄白色,较紧实,少种子,肉质细嫩,风味上等。

适宜于春季保护地早熟或露地栽培。

12. **抗茄1号** 杭州市蔬菜研究所选育的杂交一代紫长茄品种。

植株生长势和耐寒性强,苗期生长快,低温时期坐果性好。株高70厘米左右,株幅75厘米左右。坐果多,每株结果约30个。果实细长且粗细均匀。果实平均纵径35厘米,横径2.1厘米,单果重48克左右。果皮紫红色、光亮,皮薄,肉白色,品质糯嫩,不易老化,商品性佳。抗病性较强,一般亩产量2 500千克。

适宜于早春大棚栽培。

13. **黑丽人长茄** 济南茄果种业发展有限公司选育的杂交一代紫长茄品种。

中早熟,植株生长强健,分枝力强,坐果率高,果实生长速度快。果实为长直棒状,果实纵径28~30厘米,横径7~8厘米,平均单果重450克。果色黑亮,无青头顶,无阴阳面,畸形果少,耐运输,商品性好,货架期长。耐低温弱光,耐黄萎病,产量高,最高亩产量可达20 000千克。

适宜于冬暖大棚周年栽培。

14. **川茄805** 四川省农业科学院园艺研究所选育的杂交一代紫长茄品种。

植株生长势中等,株高90~95厘米,株幅72.5厘米左右。早熟,从定植到始收56天。果实长棒形,纵径39厘米左右,横径4.7厘米左右,果形指数8.0左右,果皮墨黑色,有光泽,果肉月白色,单果重198~220克。种子少,品质好。耐寒性较强,亩产量3 468千克。

适宜于四川省保护地早熟或露地栽培。

15. **布利塔** 荷兰瑞克斯旺种苗集团公司选育的杂交一代紫长茄品种。

植株开展度大,无限生长,花萼小,叶片中等大小,无刺,早熟。丰产性好,生长速度快,采收期长。果实纵径25~35厘米,横径8~10厘米,单果重400~450克。果皮紫黑色,质地光滑油亮,绿萼,绿把,比重大,味道鲜美,耐储存,商品价值高,最高亩产量可达15 000千克。

适宜于冬季温室和早春大棚栽培。

16. **苏崎4号** 江苏省农业科学院蔬菜研究所选育的杂交一代紫长茄品种。

植株生长势强,株型直立,株高100厘米,株幅60厘米。叶片长卵形,绿色带紫晕,早熟。果实长棒形,果顶部较圆,果实顺直,平均纵径32.0厘米,横径4.5厘米,单果重170克。商品果皮黑紫色,着色均匀,光泽度好。果肉紧实,耐储运。食用品质佳。耐低温弱光能力强,早期产量高。

适宜于保护地栽培。

17. **郑研早紫茄** 郑州市蔬菜研究所选育的紫茄品种。

株高60~70厘米,株幅65~75厘米,茎秆紫色,叶绿色,叶脉紫色,早熟。果实灯泡形,果皮黑紫色,着色均匀,光亮,单果重350~450克,最大单果重可达1 000克以上。果肉白色,肉质细密,品质极佳。抗病性较强,丰产,一般亩产量5 000千克。

适宜于华北、东北、西北等地区保护地早熟栽培,也可作春露地地膜覆盖早熟栽培。

18. **辽茄3号** 辽宁省农业科学院园艺研究所选育的杂交一代紫茄品种。

中早熟,株高84.5厘米,株幅52.5厘米,属直立型。叶脉、花冠、果皮均为紫色。果实椭圆形,纵径18厘米,横径9.5厘米,有光泽,单果重250克。品质优良,商品性好,抗病性较强。前期产量和总产量都较高,而且稳产性也较好,适应性广。

适宜于全国大部分地区用于保护地或露地栽培。

19. **海花茄2号** 北京市海淀区植物组织培养技术实验室选育的紫茄品种。

植株生长势较强,株型半开张,株高50~60厘米,连续坐果能力较强。单株结果数8~10个,平均单果重200克。果实卵圆形,果实纵径14~16厘米,横径5~6厘米,果皮紫黑发亮,果肉浅绿白色,肉质致密细嫩,品质佳,坐果率高,较耐低温弱光,低温下果实发育速度较快,畸形果少,抗病性较强,适应性广泛。亩产量5 000千克以上。

适宜于早春小拱棚覆盖或露地栽培。

20. **内茄2号** 内蒙古包头市农业科学研究所选育的杂交一代紫茄品种。

植株生长势强,丰产、优质、耐病。早熟,从定植到始收35天,果实膨大速度快。果实为卵圆形,紫色,肉质细嫩,果肉黄白色,品质良好。单果重约350克,平均亩产量4 000千克。

适宜于保护地早熟及露地栽培。

21. **世纪新茄二号** 济南茄果种业发展有限公司选育的杂交一代紫茄品种。

植株生长势强,早熟。果实卵圆形(灯泡状),单果重500~800克,果色油黑发亮,无阴阳面,无青头顶,畸形果少,果实紧密度好,耐运输,商品性好。茎秆直立,易管理,抗逆性强。抗病、高产,最高亩产可达7 500千克。

适宜于越冬保护地、早春拱棚、露地栽培。

二、绿茄品种

1. **郑茄1号** 郑州市蔬菜研究所选育的杂交一代绿茄品种。

植株生长势强,平均株高70.6厘米,平均株幅66.7厘米,叶色绿。平均生育期177天,从定植至始收平均48.1天,早熟。果实卵圆形,果色绿,果肉绿白色,果皮光滑,商品性状好。果实平均纵径15厘米,果实平均横径10.5厘米,平均单果重460克,最大单果重1.3千克。肉质细腻,硬度适中,味甘,适口性好,品质佳。亩产量4 000~5 000千克。

适宜于春秋保护地和春露地栽培。

2. **郑研早青茄** 郑州市蔬菜研究所选育的绿茄品种。

植株生长健壮,株高60厘米左右,枝条粗硬,叶色深绿,早熟,抗病性强。果实灯泡形,单果重260克左右,大者可达360克以上,皮色青绿光亮,肉质细嫩,种子少,风味好。亩产量 5 000 千克左右。

适宜于春秋保护地和春露地栽培。

3. **青祺 2 号** 河南省农业科学院园艺研究所、河南省庆发种业有限公司选育的杂交一代绿茄品种。

全生育期 171 天左右,从定植至始收 54 天左右,属于中早熟品种。植株生长势强,平均高度为 80.5 厘米,平均开展度为 84 厘米。果实卵圆形,纵径 15.45 厘米,横径 14.8 厘米。果皮绿色,果面光滑,果肉绿白,肉质致密,商品性状好,平均单果重 490 克。对青枯病、黄萎病、病毒病等病害具有较好的抗性。每亩平均产量可达 5 100 千克。

适宜于春秋保护地和春露地栽培。

4. **新乡糙青茄** 河南省新乡地方优良绿茄品种。

株高 80～90 厘米,株幅 70～80 厘米。茎绿色,叶椭圆形,绿色,花紫色,早熟。果实卵圆形,商品果纵径 18 厘米,横径 13 厘米。果皮绿色,老熟果皮黄色,果面光滑油亮,果脐小,外观美,单果重约 350 克。果肉致密,绿白色,品质佳。抗逆性、抗病性较强。一般亩产量 5 000 千克左右。

适宜于春保护地早熟和春露地栽培。

5. **沈茄五号** 沈阳市农业科学院选育的杂交一代绿茄品种。

植株直立,平均株高 80.5 厘米。茎绿色,叶片大、绿色,叶缘波浪形,叶脉绿色,无叶刺,浅紫色花。中熟,生育期为 124 天。果实长椭圆形,纵径 19.2 厘米,横径 6.4 厘米,果顶为圆形,单果重 213.5 克。商品果皮色深绿,光泽度强,果面无条纹,果实无棱。果萼中等,绿色,果萼下颜色为绿色。抗黄萎病和绵疫病。亩产量 3 686.57 千克。

适宜于辽宁省喜食绿茄的地区栽培,其他绿茄产区可引种栽培。

6. **西安绿茄** 陕西省西安地方优良绿茄品种。

植株生长旺盛,早熟。果实长卵圆形,个大,油绿,光洁度极佳,肉质洁白细嫩、弹性好,品质优,单果重 700～900 克,最大可达 1 500 克。商品性佳,抗茄子绵疫病、褐纹病、黄萎病。亩产量约 5 000 千克。坐果性强,丰产潜力大。

适宜于西北地区棚室春早熟栽培。

7. **辽茄 5 号** 辽宁省农业科学院园艺研究所选育的杂交一代绿茄品种。

植株生长势强,株高 70 厘米,株幅 60 厘米,早熟。叶片、叶柄、叶脉均为绿色,花序单生,花冠浅紫色,通常 5 裂。果实呈长椭圆形,纵径 18 厘米,横径 6.5 厘米。单果重 300 克,果皮油绿色,有光泽,果肉乳白色,肉质嫩。较抗黄萎病,抗绵疫病。亩产量 5 453 千克。

适宜于辽宁省各地及东北、华北部分地区保护地及露地栽培。

8. **海花茄 6 号** 北京市海淀区植物组织培养技术实验室选育的绿茄品种。

株高 60～70 厘米,叶片绿色,茎、叶脉绿色,极早熟。果实椭圆形,平均纵径 17 厘米,平均横径 9 厘米,果皮绿色,光滑油亮,平均单果重 300 克。果肉细密、种子少,抗病性、连续坐果能力较强。一般亩产量 5 000 千克。

适宜于春季早熟大棚及露地栽培。

9. **青丰 1 号**　天津科润农业科技股份有限公司蔬菜研究所选育的杂交一代绿茄品种。

株高约 70 厘米,株幅 65 厘米,早熟。果实卵圆形,鲜绿色,明亮有光泽,风味佳,单果重 500 克左右。抗病性强,亩产量可达 7 000 千克。

适宜于在我国北方保护地和露地栽培。

10. **绿罐 2303**　西安桑农种业有限公司选育的杂交一代绿茄品种。

植株生长势强,株型紧凑,耐低温,抗高温,极早熟。低温下不易畸形,管理容易。易坐果,果实发育速度快,四门斗连续结实能力强。果实长卵圆形,果面光滑无棱沟,果形端正,皮色极其亮绿,果硕大,单果重 700 ~ 1 500 克,商品性极佳。较抗早疫病、灰霉病、绵疫病、菌核病和褐纹病。果肉细密,比重大,耐储藏和运输。亩产量可达 15 000 千克。

适宜于早春大拱棚栽培。

11. **10 - 911**　荷兰瑞克斯旺种苗集团公司选育的杂交一代绿长茄品种。

植株开展度大,花萼小,叶片小,无刺,丰产性好,生长速度快,早熟。果实长形,纵径 25 ~ 30 厘米,横径 8 ~ 10 厘米,单果重 400 ~ 500 克。果实绿色,质地光滑油亮,绿把、绿萼,比重大,味道鲜美。货架期长,商业价值高。周年栽培亩产量 18 000 千克以上。

适宜于秋冬和早春保护地栽培。

第三节　番茄优良品种

一、普通番茄品种

1. **红粉冠军**　郑州市蔬菜研究所选育的杂交一代番茄品种。

植株为无限生长类型,生长势强,叶量中等,花量大,早熟,开花早,花期整齐集中,连续坐果能力强。果实高圆形,果皮厚而坚韧,耐储运,畸形果、裂果率低,平均单果重 255 克,大果 350 克以上,商品果率高。幼果浅绿色,成熟果粉红色,着色均匀一致。果面光滑,无棱沟。高抗叶霉病和烟草花叶病毒病。有很好的耐低温、耐弱光能力。

适宜于日光温室、大棚保护地和露地栽培。

2. **粉达**　郑州市蔬菜研究所选育的杂交一代番茄品种。

植株为无限生长类型,生长势较强。普通叶形,叶量中等偏少。花序间隔 3 片叶,花量中等。平均单果重 260 克。幼果无青肩,成熟果粉红色,果形高圆,果面光亮,种子腔小,果肉硬,耐储运,畸形果、裂果率低,商品性状优良。田间表现抗病毒病、叶霉病、枯萎病和早疫病、晚疫病。

适宜于河南、安徽、河北、山东等地早春、夏季和秋季保护地栽培。

3. **金粉早冠** 郑州市蔬菜研究所选育的杂交一代番茄品种。

植株自封顶类型,株高 70 厘米,生长势强。早熟,花序间隔 1~2 片叶,3 序花左右封顶。幼果稍具青肩,成熟果粉红色,转色均匀。果实圆形,单果重 200 克,品质优良。畸形果和裂果率低,果色鲜,商品性状优良,商品果率高,是目前自封顶类型番茄中成熟早、果实大、品质优良的品种。高抗烟草花叶病毒病,耐早疫病、晚疫病和叶霉病,抗逆性强。

适宜于春秋保护地、露地栽培,更适宜春提前早熟栽培。

4. **越夏红** 郑州市蔬菜研究所选育的杂交一代番茄品种。

植株为无限生长类型,茎秆直立,株型较紧凑,生长势强,中熟。叶片较短、厚,略上举,叶色绿,花穗较紧凑,花量适中,适温下易坐果,幼果无青果肩,成熟果粉红色,略高圆形。肉质沙,品质优良。平均单果重 180 克,高温期表现果实鲜亮,不发黄,裂果少,商品性状优良。

适宜于春季保护地、露地和越夏栽培。

5. **粉博瑞** 郑州市蔬菜研究所选育的杂交一代番茄品种。

植株为无限生长类型,叶量中等。幼果无青肩,成熟果粉红色,转色均匀。果实高圆形,单果重约 260 克,品质优良。畸形果和裂果率低,商品性状优良,商品果率高。果肉较硬,耐储运。抗病毒病和枯萎病,耐早疫病、晚疫病。

适宜于日光温室、秋延后和越冬栽培。

6. **北研 1 号** 抚顺市北方农业科学研究所选育的杂交一代番茄品种。

植株为无限生长类型,生长势强。早熟,花序间隔 3 片叶。果实扁圆形,平均单果重 197 克。成熟前果实绿白色,成熟果红色,表面光滑,有青肩。耐热性好,抗旱,较为耐涝,抗病毒病、青枯病和叶霉病。

适宜于大棚保护地和露地栽培。

7. **佳粉 17 号** 北京市农林科学院蔬菜研究中心选育的杂交一代番茄品种。

植株为无限生长类型,中早熟。叶片稀疏不易徒长,有利于通风透光,100% 的植株上被有茸毛。果实稍扁圆或圆形,幼果具青色果肩,成熟果粉红色,单果重 180~200 克,品质优良。高抗番茄花叶病毒病及叶霉病,耐黄瓜花叶病毒病、早疫病、晚疫病和灰霉病,对蚜虫及白粉虱具有一定驱避性。

适宜于保护地及露地栽培。

8. **农博粉 3 号** 石家庄农博士科技开发有限公司选育的杂交一代番茄品种。

植株为无限生长类型,耐低温,抗高温能力突出,高温条件下坐果能力强,不易徒长。果实粉红色,着色艳丽,果实圆形偏高,果个大,单果重 250~300 克,最大可达

800 克以上,果硬耐储,花蒂小,畸形果率低,风味佳。高抗病毒病,抗叶霉病、筋腐病和黄萎病。

适宜于春秋保护地、露地栽培。

9. 申粉 998　上海市农业科学院园艺研究所选育的杂交一代番茄品种。

植株为无限生长类型,中早熟。单果重 250～300 克,粉红果,果实圆整,果面光滑,果实大小及着色均匀,鲜艳,商品性好,畸形果、裂果率低,果脐小,耐运输。耐低温弱光,田间筋腐病发病轻。

适宜于上海、辽宁、陕西、河北、河南等地日光温室、塑料大棚等保护地和露地栽培。

10. 东农 712　东北农业大学选育的杂交一代番茄品种。

植株为无限生长类型,植株深绿,生长势强,属于中晚熟品种。幼果无青肩,成熟果实粉红色,颜色鲜艳。果实形状为高圆形,果脐小,果肉厚,果实光滑圆整,平均单果重 187 克,耐储运,不裂果,硬度大,耐低温性好。高抗番茄花叶病毒病、叶霉病、枯萎病和黄萎病。

适宜于黑龙江、辽宁、河北、内蒙古、陕西、河南、甘肃等地保护地栽培。

11. 金棚 1 号　西安金鹏种苗有限公司选育的杂交一代番茄品种。

植株为无限生长类型。果实外形较好,色泽好,高圆形,似苹果,无青肩,表面光滑发亮,大小均匀。单果重 200～250 克,畸形果少,肉厚。耐储性好,口感好。较抗病毒病,高抗叶霉病和枯萎病,灰霉病和晚疫病发病率低,无筋腐病。抗热性较好,早熟性突出,在较低温度下坐果率高,果实膨大快。

适宜于各种保护地栽培,适合夏季保护地避雨栽培。

12. 合作 908　上海市长征良种实验场选育的杂交一代番茄品种。

植株为无限生长类型,中早熟。植株结 4 穗果时高 110 厘米,花序间隔 3 片叶。抗病、抗逆性强。属大果型,平均单果重 300 克,幼果微显青果肩,成熟后粉红色,鲜艳。果实高球形,多心室,果肉厚,果肉较硬,品味好,商品性佳,耐储运。具有侧枝少,容易管理,生长势旺盛,采收期较长等优点。

适宜于露地和保护地栽培。

13. L402　辽宁省农业科学院园艺研究所选育的杂交一代番茄品种。

植株为无限生长类型,生长势强。中熟,耐低温、抗病、适应性较强,果实圆形,幼果略显青肩,成熟果粉红色,果面光滑,果肉厚,品质佳,较耐运输。单果重 250～300 克,成熟期较集中。

适宜于春夏秋保护地和露地栽培。

14. 中杂 9 号　中国农业科学院蔬菜花卉研究所选育的杂交一代番茄品种。

植株为无限生长类型,生长势强,叶量适中,中熟。幼果具青果肩,成熟果粉红色,圆形,单果重 250 克。坐果率高,基本无畸形果,果面光滑,外形美观,较耐储运,商品果率高。可溶性固形物含量 5.6% 左右,品质优良。抗烟草花叶病毒病,中抗黄瓜花叶病毒病,抗番茄叶霉病,高抗枯萎病。

适宜于保护地和露地栽培。

15. **宙斯盾** 从荷兰引进的杂交一代番茄品种。

植株长势中等,叶片深绿,节间短。果实圆形略高,果皮厚,硬度好,精品果率高,精品率可达95%。单果重约280克,果形周正美观,硬度高。抗病性好,高抗番茄黄化曲叶病毒病、根结线虫病、叶霉病、叶斑病等多种易发病害。

适宜于保护地早春、越夏、秋延后栽培。

16. **仙客1号** 北京市农林科学院蔬菜研究中心选育的杂交一代番茄品种。

植株为无限生长类型,中熟显早。叶色浓绿,抗早衰。稍扁圆或圆形果,未成熟果有绿肩,成熟果粉红色、口感风味好,单果重180~200克,果肉硬,耐运输。含有Mi基因,对分布广泛的南方根结线虫具有抗性,同时具有对番茄花叶病毒病、叶霉病和枯萎病的复合抗性。

适宜于根结线虫危害严重的地区,特别是夏秋茬及秋延后日光温室根结线虫危害严重的地区栽培。

17. **春蕾2号** 寿光市友贤种业有限公司选育的杂交一代番茄品种。

植株为无限生长类型,长势强,果实粉红色,大果型,单果重260~400克,硬度高,无畸形,在低温、弱光不良环境下,坐果能力强,转色好,高抗番茄黄化曲叶病毒病。

适宜于晚秋、越冬、一年一大茬温室栽培。

18. **瑞星五号** 上海菲图种业有限公司选育的杂交一代番茄品种。

果色粉红,果实高圆形,精品果率高。果实大小一致,单果重200~240克。果肉非常坚硬,常温下货架期可达20天以上,适合长途运输和储运,是边贸出口的品种。抗番茄黄化卷叶病毒病。

适宜秋延后、越冬温室及早春、越夏保护地栽培。

19. **申粉 V-87** 上海市农业科学院园艺研究所选育的杂交一代番茄品种。

植株为无限生长类型,早熟。果形高圆,果大、均匀,平均单果重250克。果肉硬,果皮韧性好,耐储运,品质优,口感风味好。抗黄化曲叶病毒病、高抗根结线虫病等。

适宜于早春和秋季保护地栽培。

20. **硬粉8号** 北京市农林科学院蔬菜研究中心选育的杂交一代番茄品种。

植株为无限生长类型,中熟偏早。果形以圆形或稍扁圆为主,未成熟果显青果肩,成熟果粉红色,平均单果重200克,大果可达300~500克。果肉硬,果皮韧性好,耐运输性强,商品果率高。夏秋高温季节坐果习性较好,空穗、瞎花少。叶色浓绿,植株不易早衰。

适宜于夏秋茬塑料大棚及麦茬露地栽培。

21. **英石大红** 抚顺市北方农业科学研究所选育的杂交一代番茄品种。

植株自封顶型,中熟。幼果无青肩,成熟果红色,果实大,平均单果重165克,果形圆正,果实可溶性固形物含量4.5%。田间表现抗病毒病,病情指数12.9,耐叶霉病。

适宜于露地或秋延后栽培。

22. **粉迪尼217** 从荷兰进口的杂交一代番茄品种。

植株为无限生长类型,长势强健,早熟性好(比同类品种早熟57天),单果重250~300克,硬度大,耐储运,果实粉红亮丽,色泽鲜艳,圆形,果实大小均匀,耐低温弱光,连续坐果能力强,产量高。幼果无青肩,不裂果、不空心。高抗病毒病、耐叶斑病等多种病害,抗根结线虫。

适宜于秋延后、越冬和早春保护地栽培。

23. **迪芬妮** 先正达种子有限公司选育的杂交一代番茄品种。

植株为无限生长类型,生长势强,中熟。果实圆形,粉红色,硬度好,单果重220~250克,产量高。抗番茄黄化卷叶病毒、叶霉病、枯萎病、番茄花叶病、番茄烟草花叶病。

适宜于日光温室、大棚秋延后和越冬栽培。

24. **浙粉702** 浙江省农业科学院蔬菜研究所选育的杂交一代番茄品种。

植株为无限生长类型,长势较强,叶色浓绿,叶片肥厚。早熟,花序间隔3叶,连续坐果能力强。果实高圆形,幼果淡绿色、无青肩,果面光滑,无棱沟、果洼小,果脐平,花痕小。成熟果粉红色,色泽鲜亮,着色一致,平均单果重250克。果皮、果肉厚,畸形果少,果实硬度好,耐储运,商品性好,品质佳,宜生食。经浙江省农业科学院植物保护与微生物研究所鉴定高抗番茄黄化曲叶病毒病,抗番茄叶霉病。

适宜于吉林、黑龙江、山东、河南、江苏、四川和陕西的适合地区春季保护地栽培。

25. **金棚8号** 西安金鹏种苗有限公司选育的杂交一代番茄品种。

植株为无限生长类型。生长势强,叶量中大,中熟。耐热、耐寒,连续坐果能力强,适应性广。花穗整齐,花数较多,容易坐果。果实高圆,无青肩,深粉红,亮度、红度均好。果实特硬,果脐小,单果重230克左右,整齐度高。抗番茄黄化曲叶病毒病,抗枯萎病。

适宜于我国日光温室、大棚秋延后和越冬栽培。

26. **普罗旺斯** 河北省廊坊市近几年引进的荷兰杂交一代番茄品种。

植株为无限生长类型,生长势健壮,不黄叶,不早衰,产量高。萼片平展,果皮颜色为粉色,果形高桩圆形,果实大小均匀,果形美观,硬度高,耐运输。单果重250~300克,高抗根结线虫病、叶霉病、枯黄萎病、条斑病。

具有较好的丰产性能,适宜于早春、秋延后和越冬一大茬栽培。

二、樱桃番茄品种

1. **郑秀2号** 郑州市蔬菜研究所选育的樱桃番茄品种。

植株为自封顶类型,花序间隔1片叶,3~4序花封顶。第一花序为单总状花序,中后期为复总状花序,花序长40厘米左右,花量大,连续自然坐果能力强。花序下的第一侧枝生长势强,可代替主枝生长。抗病、抗逆性强,开花结果期长。幼果绿白色,成熟果红色,椭圆形,果顶具尖,平均单果重 10 克,保护地栽培时果个较大。果肉较硬,抗裂果;果实可溶性固形物含量为 7.5%,品质优良。田间表现抗病毒病和早、晚疫病,抗叶霉病。

适宜于露地和保护地栽培。

2. **金美**　周口市农业科学院选育的樱桃番茄品种。

植株为无限生长类型。成熟果实黄色,高圆形,果形指数 1.14,无果肩,果实整齐度中,果实硬度高,平均货架期 16.2 天,单果重 17.6 克,可溶性固形物含量 6.9%,口味甜酸。

适宜于北京、辽宁、山东、河南、江苏、湖南、海南、四川和陕西等地春季保护地栽培。

3. **红太郎**　沈阳市农业科学院选育的樱桃番茄品种。

植株为无限生长类型。成熟果实红色,高圆形,果形指数 1.16,无果肩,果实整齐度高,果实硬度中,平均货架期 14 天,单果重 13.1 克,可溶性固形物含量 6.8%,口味甜酸。

适宜于北京、辽宁、山东、河南、江苏、浙江、海南、四川和陕西等地春季保护地栽培。

4. **申樱 1 号**　上海市农业科学院园艺研究所选育的樱桃番茄品种。

植株为无限生长类型。成熟果实粉红色,高圆形,果形指数 1.09,无果肩,果实整齐度高,果实硬度高,平均货架期 17.7 天,单果重 18.4 克,可溶性固形物含量 6.1%,口味酸甜。抗番茄黄化曲叶病毒病。

适宜于北京、上海、辽宁、江苏、湖南、浙江、海南、四川和陕西等地春季保护地栽培。

5. **天正翠珠**　山东省农业科学院蔬菜花卉研究所选育的樱桃番茄品种。

植株为无限生长类型。成熟果实绿色,圆形,果形指数 1.00,无果肩,果实整齐度高,果实硬度中,平均货架期 12.2 天,单果重 22.0 克,可溶性固形物含量 6.1%,口味酸甜。

适宜于北京、辽宁、山东、河南、江苏、湖南、浙江和海南等地春季保护地栽培。

6. **佳西娜**　从荷兰进口的樱桃番茄品种。

植株为无限生长类型,生长健壮、开展、早熟。果穗排列整齐,既可单果采收也可成串采收。果实圆形,果色为红色,色泽鲜亮,单果重 35~40 克,口味佳。抗番茄花叶病毒病、斑萎病毒病、番茄黄化曲叶病毒病、枯萎病、黄萎病和线虫病。

适宜于早春、秋冬和早秋保护地栽培。

第二章 辣(甜)椒设施栽培技术

第一节　地膜覆盖栽培技术

在我国辣(甜)椒生产的 1 季作区及 2 季作区的春露地辣(甜)椒栽培上,早春地温偏低,限制了辣(甜)椒的提早定植和早熟栽培,同时定植初期地温偏低使辣(甜)椒根系发育不良,生长缓慢,高温季节到来时植株尚未封垄,地表温度高,根部容易木栓化,吸水、吸肥能力降低,生长失调,引起落花、落果和落叶,植株抗病力降低,易发生病毒病。而早春地膜覆盖可使 0 ~ 10 厘米地温提高 3 ~ 6℃,并具有保持土壤墒情、减少灌溉次数、防止土壤养分流失、改善土壤结构、防止杂草、减少病虫害等作用。为辣(甜)椒根系创造适宜稳定的环境条件,有利于辣(甜)椒早缓苗、早发根、早生长,可使辣(甜)椒早上市 7 ~ 15 天,前期产量增加 30% ~ 40%,总产量增加 30% 以上,提高辣(甜)椒种植效益。目前地膜覆盖栽培,已成为我国北方地区辣(甜)椒早熟丰产栽培的重要技术措施之一,在辣(甜)椒生产中广泛应用。

一、地膜选择

1. **无色透明膜**　是生产中普遍使用的一种地膜,透光性好,透光率可达 80% ~ 93.9%。这种地膜一般可使土壤耕层温度提高 2 ~ 4℃。

2. **银灰色地膜**　银灰色反光性强,故能增强地上光照,具有驱避蚜虫的作用,能减轻病毒病危害,起到防病作用。在辣(甜)椒生产中覆盖这种地膜能减少植株上的蚜虫数量,并使蚜虫发生期向后推迟,起到防虫作用。但后期植株封行后,驱避蚜虫的作用降低。

3. **黑色膜**　具有遮光作用,透光率极低。因其本身能吸收太阳光热,故增温效果不如无色透明膜。春季用黑色地膜覆盖,一般可使土壤增温 1 ~ 3℃,但黑色膜本身常因吸收太阳光热,却不容易将热量传给土壤而软化。黑色膜能有效地防止土壤水分蒸发和抑制杂草生长。

4. **除草膜**　该膜的一面含有除草剂,使用时膜内的除草剂便溶解在土壤水蒸气中,当水蒸气遇冷时凝成水滴,并滴落在畦面上,形成一层药剂处理层,起到除草作用。使用除草膜除草,不但省工,并且效果好而持久。

二、整地施肥

1. **选地**　辣(甜)椒对土壤质地要求不严,各类土壤都可以栽培。与小果型尖椒品种相比,大果型辣(甜)椒品种对土壤条件要求较高。丰产栽培以选择富含有机质、保水保肥、排灌良好、土层深厚的壤土或沙壤土为宜。辣(甜)椒适宜于在中性或偏酸性土壤中种植。辣(甜)椒适宜在生茬地栽培,忌重茬地。种过辣(甜)椒、茄子、番茄、马铃薯、烟草等作物的地块,要间隔4~5年才能种植,以防病菌相互传染。

2. **整地** 地膜覆盖辣(甜)椒栽培的地块,要秋耕冻垡,以消灭或减少土壤中的病菌、虫卵,改善土壤结构。地膜覆盖后,辣(甜)椒根系在土壤中的分布范围比露地浅,只有提供深厚的土壤耕作层才有利于根系的发展。因此,地膜覆盖栽培的土地一定要深耕。同时,深耕可将前茬表土中的病原菌和虫卵翻埋到底层,有利于减少病虫的危害。辣(甜)椒根系分布浅,对环境反应敏感,不耐旱、不耐涝,必须精细整地。精细整地是保证地膜覆盖质量的基础,秋耕一般在27厘米以上,深耕后要进行细耙,使畦土细面,无大坷垃及上茬作物耕茬,畦面平整,保证地膜能紧贴畦垄表面,防止地膜破损和膜下杂草丛生,影响地膜覆盖栽培充分发挥作用。

整地时土壤的墒情要适宜,缺墒要冬灌。适宜的墒情,有利于保证盖膜的质量和提高土壤的温度,因此在早春应提前浇水造墒,然后细耕。

3. **施肥** 辣(甜)椒需肥量中等,吸肥能力中等,但耐肥能力强,充足的矿物质营养是获得高产的保证。辣(甜)椒不但需要大量的氮、磷、钾营养元素,还需要一定量的钙、镁、铁、硼等微肥。据测算,每生产5 000千克的辣(甜)椒,约需吸收26.5千克氮、7千克磷、35千克钾。

辣(甜)椒生长期较长,地膜覆盖栽培的辣(甜)椒植株根系生长浅,前期生长旺盛,从土壤中吸收的养分多,但覆盖地膜后追施有机肥不方便,追施速效性肥料的效果也差。所以地膜覆盖栽培要求在整地时一次性施足有机肥,或施入足够的迟效性复合肥。尽可能保持土壤养分在较长时间内满足辣(甜)椒生长的需要。对肥力中等的菜田,在春季整地前亩施7 000千克以上腐熟的有机肥,同时基肥中亩混合施入过磷酸钙30~40千克,硫酸镁1~3千克,硫酸钾20千克。基肥总量的2/3全田普施,另1/3集中沟施。

三、做畦与地膜覆盖

各地因温度、湿度、土质、风力等气候条件差异很大,栽培方式不同,所以覆盖形式就有较大差别。

1. **平畦覆盖** 北方地区辣(甜)椒生长期正值干旱少雨季节,1米一带,双行栽培。干旱地区,为浇水方便,宜选幅宽60~80厘米地膜盖双行。平畦覆盖简便省工,适于降水量少、干旱多风的地区及土壤保水性差的地块。缺点是受光面积小,增温效果差,不利于雨季排水防涝,如图2-1所示。

2. **龟背畦覆盖** 阴湿多雨地区先将辣(甜)椒畦做成中央隆起呈龟背形高畦,后将地膜展开,呈条幅式水平铺盖于辣(甜)椒畦畦面。一般畦面宽60~70厘米,畦沟宽30~40厘米,畦面高度及盖幅宽度因地区而异。可采用20~25厘米高畦栽培。多雨地区宜采用幅宽100厘米以上的地膜覆盖全畦,以利于雨季防涝及伏旱季节保墒,如图2-2所示。

3. **遮天盖地式覆盖** 做畦法与平畦相同,畦做好后,直接覆盖一层地膜,地膜幅

图 2 - 1　平畦覆盖

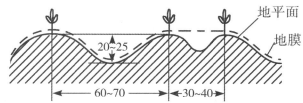

图 2 - 2　龟背畦覆盖(单位:厘米)

宽70~80厘米。然后用杨树条、柳枝、紫穗槐条等弯成弓形或半圆形,顺辣(甜)椒行插成支架,成小拱棚状。上扣幅宽1.2米、厚0.015毫米普通透明地膜。这种覆盖方式升温快,10厘米地温较平畦覆盖平均高2~3℃,因而可早播或早定植5~8天,果实提早成熟10天左右。但保墒性稍差,必须及时浇水,且易滋生杂草,应及早防除。同时,由于地膜很薄,抗风、抗拉能力较塑料薄膜差,覆盖空间较小,气温较高时易灼伤辣(甜)椒苗,应适时撤除,如图2-3所示。

4. **小高畦覆盖**　小高畦在保护地、春露地均可采用。整地施基肥后起垄做畦,小高畦的方向以南北延长为好,以利于一天中受光均匀。一般畦面宽60~70厘米,

图2-3 遮天盖地式覆盖

沟宽30~40厘米,如图2-4所示。

图2-4 小高畦栽培(单位:厘米)

在地势低、地下水位高、土壤黏重、雨水较多的地区,小高畦高度一般在20~30厘米,以便早春土壤温度的升高和雨季排涝;在沙质土壤、地下水位低、较干旱的北方地区,小高畦的高度以15~20厘米为宜;比较干旱的西北高原地区,可采用5~10厘米的小高垄,便于灌溉。

5. 覆膜方法 盖膜前,南方地区应有5~7天晴天,以利于畦地充分散湿,防止土壤水分过多,造成幼苗不发根,甚至沤根死亡。

北方干旱地区,土壤水分往往缺乏,盖膜前应适当浇水增墒。

盖膜宜在定植前7~10天无大风天气进行,一般选用90厘米宽地膜覆盖畦面,畦沟不盖地膜,留作浇水和追肥用。

根据定植方法不同有2种盖膜形式,一种是先盖地膜再定植,另一种是先定植后再盖地膜。其中先盖膜后定植法应用较广。采用前一种方法时,为了提高地温,提前将地膜覆好,待地温升到15℃以上时,用直径同育苗营养钵体直径相同的铁筒在膜上打孔栽苗,如图2-5所示。采用后一种方法时,盖膜前,先将畦土四周用铲子削去3厘米厚泥土,放置于畦沟中,畦边削直,然后3人一组,在畦的一头逐渐将薄膜展开,2人将薄膜铺盖于畦土上,先用土压紧畦头薄膜,然后1人沿着畦长展开薄膜并拉紧,2人在畦的两侧将膜用切削的泥土压紧。

盖膜一定要严实,不能有空隙通风进气,磨损破孔处应用泥土封住,否则气温难升,杂草易生。

图 2 - 5　打孔定植

温馨提示

　　种植面积较大的地区,有条件的可利用大型覆膜机覆膜,如图 2 - 6 所示。

图 2 - 6　机械覆膜

四、品种选择

　　地膜覆盖栽培对品种无特殊要求,露地栽培适用的品种,一般都可以进行地膜覆盖栽培。但目前辣(甜)椒地膜覆盖栽培主要是以提高地温、提早上市为目的,所以在选择品种时最好选用早熟或中早熟、抗病、耐低温和耐热、生长期较长的品种。同时考虑当地市场对辣(甜)椒商品性的需求。

五、适期育苗

辣(甜)椒地膜覆盖栽培的育苗时期,一般可根据定植期减去育苗天数来推算。辣(甜)椒露地地膜栽培定植期必须在终霜过后。北方地区辣(甜)椒露地地膜栽培定植一般要在4月20日以后,如陕西省关中地区辣(甜)椒适宜的定植期为5月15~20日。河南省黄河以南地区适宜的定植期为4月20日至5月1日。育苗天数等于苗龄天数加上7~10天的幼苗锻炼天数和3~5天的机动天数。春季育苗辣(甜)椒的日历苗龄一般为70~120天,早熟品种取短限,中晚熟品种取长限,当90%幼苗现花蕾时定植。

采用塑料小拱棚育苗,华南地区一般于12月至翌年1月播种;长江中下游地区则于11~12月播种;北方地区多在3月播种。淮河以北地区用温室和温床育苗的播期一般在11~12月;东北、内蒙古、新疆、青海和西藏单作区在2月上中旬育苗。

如果在温度较高的季节或温室等保护设施内育苗,能在较短时间内培育出适龄大苗,因此日历苗龄相对要短一些。此外,幼苗适宜的日历苗龄与育苗季节、育苗方式密切相关,低温季节采用加温育苗时苗龄就短,冷床育苗时苗龄就长。辣(甜)椒加温育苗苗龄为60~90天,冷床育苗时苗龄为100~130天。如华北地区种植秋延后辣(甜)椒,在7月上中旬育苗,只需要30天左右,早熟辣(甜)椒品种便可现花蕾。

穴盘育苗幼苗生长的空间有限,所以一般苗龄相对较短,在温度等条件适宜时苗龄一般70天左右。生理苗龄比原来传统的育苗要小,一般4~6片叶时即可定植。否则因营养面积不足,幼苗拥挤,易徒长,或控苗过度,形成老化苗。

辣(甜)椒育苗的播期,应依据当地的气候条件、不同栽培目的、品种特性、育苗设施条件进行调整。

六、定植

1. **定植前的准备** 定植前1~2天苗床浇1次"分家水",喷1次叶面肥+杀菌、杀虫农药,做到带水、带肥、带土、带药定植,以利栽后成活与返苗。

2. **适时定植** 辣(甜)椒地膜覆盖栽培的定植日期可比露地栽培早几天,但一般不能超过10天,必须躲过晚霜和寒潮。定植过早易受冻害,缓苗慢,过晚影响产量。定植时要看天、看地、看苗进行。看天,即在晴天上午定植,最忌雨天移栽。如有降水,"宁等雨后,不抢雨前",以防栽后遇低温阴雨天气,造成土壤温度低、湿度大,影响缓苗或造成沤根。看地,就是看土壤的墒情,以黑墒移栽为好。看苗,就是选大苗、壮苗,移栽苗根系发达,苗高20厘米左右,有6~12片真叶,有80%以上植株现蕾,这样不但能提高成活率,而且可保证早发棵、早开花、早结果。

虽然辣(甜)椒苗定植的生理适期为现蕾期,但具体定植日期还需结合当地温度条件而定。定植应在当地晚霜过后,地温稳定在13~15℃时进行,不能定植过早,否则温度过低,且易受冻。就全国而言,广东、广西在2~3月定植,湖南在3月上旬定植,长江中下游地区宜在清明前后定植,华北一带,一般于4月中下旬定植,东北地区的辽宁在 5 月上中旬定植,而黑龙江要到 5 月下旬至 6 月上旬才能定植。

3. **定植技术**

(1)"四带" 带水、带肥、带土、带药定植。起苗、运苗时要采取护根措施,尽可能多带土,少伤根,防止机械损伤,苗子要随起、随运、随栽、随浇压根水,做好地下害虫防治和保墒。

(2)"八快" 一般采用一条龙定植法,各项作业连续完成,即快起苗、快运苗、快刨坑、快施肥(每穴一把熟腐饼肥)、快栽苗、快浇水、快撒毒饵、快封土。

4. **合理密植** 在事先做好的垄(畦)上,按大垄双行双株栽苗,早熟品种株距 26～30 厘米,亩栽 8 500～10 000 株。中晚熟品种定植的密度按大垄双行单株栽苗,株距 33～40 厘米,亩栽 3 300～4 000 株。

5. **特别提示** 定植后适时适量浇缓苗水,并用土将定植留下的孔隙及幼苗茎部压好。起垄时,每亩条施三元素复合肥 3～5 千克 + 充分腐熟的饼肥 15～20 千克,以利壮苗早发及壮根。

七、定植后的管理

辣(甜)椒虽喜温、喜肥、喜水,但不抗高温,不耐浓肥,最忌雨涝。在生产管理上,应根据辣(甜)椒不同生长发育时期的特点,做到定植后促根发秧,盛果期促秧攻果,后期保秧增果。

1. **查苗补栽** 定植后 5～10 天,要进行全田普查,发现缺苗、死苗要进行补栽,并分析死苗、缺苗原因,有针对性地进行补水或病虫害防治。

2. **肥水管理** 移栽定植后,因地温低,根系少而弱,此时管理重点是增温保墒,促根生长。进入结果期,应保持土壤不干不湿,攻棵保果,争取在高温季节到来之前封垄。如果长势不好,这时要抓紧进行第二次追肥,并揭去地膜,结合追肥进行 1 次中耕除草。

(1)水分管理 浇水应根据土壤、气候和植株生长情况而定。土质疏松、保水性差的沙地,浇水次数可适当多一些,每次浇水量不必过大。保水性强的黏重土壤,浇水的间隔时间应长一些,浇水量可适当多一些。应根据天气预报确定浇水时间,以浇水后 3～4 天无大雨为宜。

辣(甜)椒生长的前期,由于植株较小,需水量少,以及地膜覆盖可减少土壤水分的蒸发,所以定植后浇水量比无地膜覆盖露地栽培的少,防止浇水过多引起地温的下降。平畦栽培在缓苗后轻浇 1 次水,然后进行蹲苗。高垄栽培的缓苗以后根据土壤墒情,可在膜下浅沟内浇水 1～2 次;等门椒坐果后开始浇水,在植株生长进入盛果期(四门斗坐果)后,要加强浇水。以后根据植株生长情况和天气变化,采取小水勤浇的方法进行浇水。

前期低温季节,宜在 9～12 时浇水,进入高温季节,浇水宜在 9 时前、17 时后进行。

浇水原则是椒田土壤见干见湿,遇旱即浇,遇涝即排。一般在土表发白,10 厘米以内土壤见干时即应浇水。辣(甜)椒不宜大水漫灌,也不宜旱涝不均。过度干旱后骤然浇水可能发生落花、落果和落叶。

北方地区椒田,夏季应注意排水,防止畦面淹水或长期积水,以免影响根系的生长和减弱吸收能力。浇水时水一般不应漫过畦面,水在畦面上停留的时间也不宜过长。

南方多雨地区,除干旱时酌情浇水外,重点应放在雨后排水上,要保证做到雨停辣(甜)椒田不积水。

(2)追肥 地膜辣(甜)椒生育期长,生长量大,产量高,只靠基肥不能满足整个生长期的需要。在施足氮、磷、钾肥和有机基肥的前提下,追肥也不能忽略磷、钾肥。氮肥过多能使植株徒长,引起各种病害。另外,追肥必须与浇水结合,以免产生肥害。要少施勤施,即"少吃多餐",在施肥数量上掌握"两头少中间多"的原则,尽量做到及时合理。

1)追肥时期及数量 栽后10天左右是返苗期,可亩施尿素8千克,若追肥后不下雨,要浇1次小水,促苗迅速生长,建成丰产骨架。辣(甜)椒在第一个果实(门椒)坐果后至采收前,不仅植株不断增长,第二层、第三层果实(对椒和四门斗)也在膨大生长,上部还要形成枝、叶和陆续开花结果,是追肥的关键时期。当门椒长到3厘米左右长时,结合浇水进行花果期第一次追肥,亩可随水浇腐熟粪稀2 000千克左右或硝酸磷肥15千克及钾肥8~10千克。以后根据情况每隔2~4次水追1次肥,追肥配合浇水进行。立秋后天气转凉,植株又恢复旺盛生长,秋椒大量坐果,这时应追少量速效氮肥,配以磷、钾肥。若土壤缺墒干旱可浇1次水,促进第二次结果,以增加产量。

2)追肥方法

A. 根际追肥。根际追肥应穴施或开沟条施并及时覆土。据试验,撒施化肥自然挥发量在70%以上,作物吸收不足30%,如果穴施或开沟条施并及时覆土,可提高肥料利用率10%~30%,比撒施增产10%左右。追肥可在畦沟内结合浇水,追施速溶性复合肥和发酵的人畜粪尿,采收期一般15~20天追1次肥。也可利用注肥器将速效性化肥注入根际。

有条件的地区,可采用塑料软管滴灌配施肥,该技术省工、省时,操作方便。

北方基肥施用比例大,追肥的次数可少些;南方基肥施用比例小,追肥次数可多些。

B. 叶面追肥。缓苗期每天在叶面用0.2%磷酸二氢钾+0.1%尿素溶液喷雾,不但能促进缓苗,有利于发根,而且能增加产量。结果期向叶片上喷肥料,可弥补土壤施肥不足,不但肥效快,而且肥料利用率高,是丰产栽培的一项重要追肥方法。在盛花期可以喷200~300倍硼砂水溶液来提高坐果率。在整个生长期多次喷洒尿素300倍液,磷酸二氢钾500~800倍液,有明显的保花保果效果,一般能增产10%左右,且能提高果实品质。喷肥可与喷药防治病虫害结合进行,以减轻劳动量。

在辣(甜)椒整个生育期内,可供叶面追肥的肥料品种、用法及用量为:

☞细糠、麦麸 5 ~ 6 千克,加水 50 千克,浸泡 2 昼夜过滤后茎叶喷雾。

☞尿素 150 ~ 250 克,加水 50 千克溶解后茎叶喷雾。

☞过磷酸钙 2 ~ 2.5 千克,加水 50 千克,浸泡 2 昼夜过滤后茎叶喷雾。

☞氧化钾 250 ~ 500 克,加水 50 千克溶解后茎叶喷雾。

☞草木灰 1.5 ~ 2.5 千克,加水 50 千克,浸泡 2 昼夜过滤后茎叶喷雾。不能与氮肥同时应用。

☞硼酸 5 ~ 10 克,加水 50 千克溶解后茎叶喷雾。

☞硫酸锰 1.6 克,加水 50 千克溶解后茎叶喷雾。

☞硫酸锌 4.4 克,加水 50 千克溶解后茎叶喷雾。

☞磷酸二氢钾 200 ~ 500 克,加水 50 千克溶解后茎叶喷雾。

☞硫酸钙 50 ~ 150 克,加水 50 千克溶解后茎叶喷雾。

☞硫酸锌 50 ~ 100 克,加水 50 千克溶解后茎叶喷雾。

☞硫酸亚铁 50 ~ 100 克,加水 50 千克溶解后茎叶喷雾。

☞碧护 2 ~ 3 克,加水 50 千克稀释后茎叶喷雾,解除冻害,刺激生长。

☞天达 2116 用 600 倍液,7 ~ 10 天 1 次茎叶喷雾,可起到抗病、防冻害的效果。

3)特别提示

☞叶面施肥可结合打药进行。

☞如果喷施后 24 小时内遇雨,应补喷。

3. 植株调整

(1)立桩防倒伏　地膜覆盖栽培辣(甜)椒,根系较浅,生长过程中又不能培土,植株生长较旺,往往容易发生倒伏,应及时搭架支撑。用长 0.8 ~ 1 米的竹竿,隔 1 ~ 2 米一根,插在植株旁边距地面 10 厘米处作立杆,再用长竹竿横向固定在立杆上,距地面 30 ~ 40 厘米绑第一道,间隔 20 厘米绑第二道。

此外,在发棵期可通过少施氮肥,多施磷、钾肥,控制植株高度,增强茎秆粗度和硬度防倒伏。

(2)整枝打杈等　植株调整是人为进行摘心、打杈、摘叶、疏花、疏果等措施,来调整植株生长发育的方法。

在高畦双行、双株栽培条件下,一般采用 4 条主枝整枝法。首先抹去门椒以下的所有侧枝,在第三层果实处发生的两条分枝,当其中一条弱枝现蕾后,留下花蕾和节上的叶,掐去刚发生的两条分枝。而另一条强枝出现第四层花蕾和分枝时,则留强枝和花蕾,于第一节处掐去弱枝,以后每层出现花蕾和分枝后,都在第一节处掐去弱枝。这样能使坐果数比放任生长增加 18.7% ,而且单果重也增加 16.5% ,使产量提高 38.7% 。

在出现植株生长过旺、结果少、枝叶郁闭时,生产上常在门椒采收后,将第一分枝以下的老叶全部打掉,以利通风透气。上部枝叶繁茂的,可将两行植株间向内生长、长势较弱的分枝剪掉。越夏延秋栽培的,可从第二分枝处剪去北边的分枝,促发新枝继续结果。

一般在当地初霜或拉秧前15~20天，打掉所有枝杈的顶尖，可除去顶端优势，使上部的小果实迅速长大，达到商品采收标准。摘心不宜过早，以免影响产量。打杈宜选择晴天进行，以利于伤口愈合。

4. **中耕与除草**　地膜覆盖下地表温度可达50℃以上，一般杂草萌发后会被高温烤死，所以前期不中耕畦面，只锄畦沟。田间操作时应小心，尽量不损坏薄膜，一旦发现薄膜破裂，要及时用土压严，以免定植孔透风，失去地膜覆盖的意义。当杂草过多顶膜时，可将膜中间划开，除草后将膜重新盖好并用土压严。中后期植株已封垄，可结合培土彻底将膜和草一起锄掉。

5. **地膜去留与覆草**　7月进入高温季节后，辣（甜）椒田已封垄，可结合除草，去除薄膜，或在其上覆盖秸秆等，以降低地温。

6. **适时采收**　辣（甜）椒是多次开花、多次结果的蔬菜，及时采摘有利于提高辣（甜）椒产量；采收过迟，不利于植株将养分往植株上部果实转送，影响上层果实的膨大；采摘过嫩，果实的果肉太薄，色泽不光亮，影响果实的商品性。青椒的采收标准是果实表面的皱褶减少或果皮色泽较深、光洁发亮。

鲜椒采收的商品成熟度指标较宽，青果一般在开花后25~30天，果实充分长大，绿色变深，质脆而有光泽时即可采收。红果可在花后40~50天采收上市。

采收要及时，特别是门椒、对椒，早采既可增加收入，又能减少同上层果实争夺养分及坠秧，影响植株生长和上部的开花坐果，特别是在植株生长较弱时或本身生长势较弱的品种，更要及时采收门椒和对椒。对于长势弱的植株宜早采、重采；对长势较强的品种，或当植株生长较旺时，应晚采、轻采，以调节营养生长与生殖生长的平衡关系，维持正常生长开花结果，缓和采收量的波动幅度，避免周期性结果现象的产生。特别是发生徒长的植株，更要晚收果、收大果，通过以果压树的措施控制植株生长。

采摘时间宜掌握在早、晚进行，中午因水分蒸发多，果柄不易脱落，容易伤棵。摘时应抓住辣（甜）椒果实呈90°往上带柄掰掉，不可左右翻动植株。

装筐运输，最忌在雨天采果，更不能在采收后立即包装，以防腐烂。

第二节　春季中小拱棚栽培技术

中小拱棚虽然保温性能有限，保温效果和辣（甜）椒的早熟性赶不上塑料大棚和温室，但中小拱棚的建材可用细竹竿、毛竹片、荆条、直径6~8毫米的细钢筋等，常在定植前临时建造，定植初期进行覆盖，栽培中期或拉秧后随时拆除，具有取材容易、建造方便、造价低、可移动换茬等优点。在北方一些地区常用于辣（甜）椒早春栽培，辣

（甜）椒比露地辣（甜）椒早上市15～20天,增产40%左右。

辣（甜）椒中小拱棚栽培适宜在1季作区和2季作区应用。

一、对设施与品种的要求

（一）对设施的要求

春季中小拱棚生产是以早熟栽培为目的的,因此要求拱棚具备一定的增温和保温性能。

综合考虑增温、保温、管理、成本等因素,目前生产上常用的塑料小棚宽度为1.2～1.3米、高度为50～60厘米,长度为20～30米或依地貌而定,随定植随扣棚。塑料中棚的长、宽、高没有固定尺寸,最小的中棚宽度2.3～2.4米、高度1.3～1.5米、长度10米,人可以进棚操作。

在棚向的选择上,以南北棚向（即东西延长）最好,因其比东西棚向（即南北延长）的采光面大、采光量多、白天升温快、夜间保温性强,有利于辣（甜）椒早熟。

覆盖的薄膜要求透光性能好、白天增温快、夜间保温性能优良,最好选择聚乙烯多功能复合膜,因普通聚乙烯薄膜水滴多,透光性差,保温性能也不好。

为了改良单层薄膜覆盖保温性不理想（棚内外最低温差一般只有2℃）的缺陷,目前生产上多采用在中小拱棚内再加盖一层地膜的办法,即双膜覆盖,其比单层薄膜覆盖可使收获期提早10天左右,而且该栽培形式降低了棚内湿度,可减少病害发生。在双膜覆盖栽培的基础上,目前还有在小拱棚上再加盖一层草苫的"两膜一苫"栽培形式。该栽培形式的温度条件和早熟效果更好,但投资相对加大,管理比较麻烦。

（二）品种选择

春季中小棚生产宜选择较耐低温,抗病性强的早熟和中早熟品种。同时还要考虑产品销售市场对辣（甜）椒商品性的要求。

二、整地施肥

1. **整地**　用于该茬辣（甜）椒栽培的土地多为冬闲地,一般要求上茬作物收获后,清除残枝杂草和地表面的遗留物,深翻冻垡。至翌年春季,土壤解冻后,进行整地。也有一些地方在冬季深翻前就施入有机肥。

2. **施基肥**　基肥施入数量与方法参照本章第一节"地膜覆盖栽培技术"进行。

3. **做畦**　根据棚内结构做畦,可做成宽为1.2米的平畦,也可做成畦高15～20厘米、畦面宽70厘米、畦沟宽50厘米的高垄,在平畦或垄面上覆盖地膜。春季中小拱棚生产覆盖地膜比不覆盖地膜一般提高温度2～4℃。采用小高畦地膜覆盖栽培,需提前覆盖地膜,以烤地增温。

三、适时定植

当辣（甜）椒苗高达到20厘米左右、80%幼苗现蕾时即可定植。定植时,要求棚内10厘米地温不低于13℃,夜间最低气温不低于5℃。北京等地区一般在3月上旬至中旬定植,郑州地区2月下旬至3月上旬定植,定植过早易受冻害。

根据所用品种的特性确定适宜的栽培密度。一般辣(甜)椒中小棚覆盖栽培多用单穴双株栽培,通过调整株距来调节密度。定植操作程序为挖坑→放苗→浇水→覆土。

一般选晴天9～15时定植,边定植边扣棚。16时以后最好不定植。单株定植的株距为25厘米,双株定植的株距为33厘米。

拱棚的走向可根据地势、风向等而定,早春西北风较多的北方等地最好采用南北延长的棚向。在栽培畦上用竹竿、荆条等,相隔50～70厘米,插高1～1.5米的中小拱,再盖膜,盖膜后再在膜上压拱条,每隔一拱压一拱,以防风吹和便于放风等管理。

四、定植后的管理

1. **温度与湿度管理** 定植初期为缓苗期,此时外界温度较低,栽培上要采取多种保温和增温措施,想方设法保温升温,促进缓苗和生长。

缓苗期基本不放风,白天气温控制在28～35℃,不超过35℃不放风,夜间17℃左右。

缓苗后,根据棚内温度状况逐渐开始通风,尽量做到使棚内辣(甜)椒受温均匀,白天温度保持在25～30℃,夜温保持在16℃。

小棚通风开始由两侧斜对放底风,然后再从两头放风。通过放风时间的长短、放风量的大小来调节温度。

中棚多从两头放风,先由一端放风,逐渐变为两端放风。为使中棚上部热气散出而又不使放风口苗子受低温影响,可以在放风口下部地面上用塑料膜做高为30厘米左右的挡风墙,使热气从上部散出,又不使风口的辣(甜)椒苗受外界低温影响。通过调节放风时间和放风口的大小,控制和调节棚内的温度、湿度,使棚温控制在白天25～30℃,夜温不低于15℃。

如果白天温度超过35℃,夜温过高,温差又小,易造成落花、落果。当外界气温稳定在10℃时,晚上可不盖草帘;外界气温稳定在15℃时,可昼夜放风。

中小拱棚内的空气湿度影响辣(甜)椒授粉受精,适宜辣(甜)椒坐果的空气相对湿度为60%～80%。如果棚内空气湿度过大,易引起植株徒长,导致落花、落果,特别是辣(甜)椒生长的前期,高温高湿时不但会造成门椒坐不住果,而且易引发多种病害,所以缓苗后在保证生长适温的情况下,要加强放风降湿管理。

放风的原则是先小后大,根据天气和植株生长状况灵活进行。通过调整温度和湿度使辣(甜)椒植株生长矮壮,节间短,坐果多。

2. **水肥管理** 定植时浇定植水,但定植水不宜过多。定植后5～7天辣(甜)椒缓苗后,再浇1次缓苗水(如果定植水浇得很足,又采用地膜覆盖,可不浇缓苗水)。连续中耕2次,进行控水蹲苗。此期要特别注意蹲苗控制生长,以防高温高湿造成植株徒长,引起落花、落果,门椒坐不住果。在门椒坐住果并长到直径3～4厘米时结束蹲苗,开始浇水追肥,随水亩施入硝酸磷肥10～20千克。结果前期8～10天浇1

次水,隔1次水追1次肥,盛果期5天左右浇1次水,攻果壮秧,防止落叶、落花、落果。

进入采收期,气温逐渐升高,要多施肥和多浇水。也可结合喷药等进行叶面施肥,叶面追肥的方法参照本章第一节"定植后的管理"的有关内容进行。

3. **植株调整** 一是及时整枝打杈;二是及时摘除下部老叶;三是适时采收,根据植株生长状况,适时早收门椒和对椒,保持植株有较旺盛的生长势。植株下部(门椒以下)的老叶和侧枝均应及时打去,以改善通风透光条件。

4. **光照管理** 植株生长要求中等强度的光照,辣(甜)椒对日照长短无严格要求,在短、长日照条件下都能开花结果,但较长的日照有利于提早开花坐果及果实发育,获得高产。若光照太弱,则会引起落花、落果。

辣(甜)椒春提前塑料棚生产,塑料膜及其上的覆盖物在起到保温作用的同时,也减少了光照辐射量。因此,在温度许可的范围内,棚膜上的覆盖物要早揭晚盖,棚膜上的尘埃要经常擦除。

5. **其他** 参照本章第一节"地膜覆盖栽培技术"进行。

第三节　塑料大棚栽培技术

塑料大棚辣(甜)椒生产遍布全国,对辣(甜)椒的周年供应起着重要的作用。在春、夏、秋三季,通过保温和通风降温可使棚温保持在15～30℃的辣(甜)椒生长适温。塑料大棚内优越的生态条件,不但使辣(甜)椒采收期延长,产量增加,而且塑料大棚生产的辣(甜)椒商品性也优于露地。利用塑料大棚进行辣(甜)椒春提前或秋延后栽培,上市可比露地栽培提早或延后20～30天,价格高1～2倍。

一、春提前栽培技术

塑料大棚春提前栽培,适宜在1季作区、2季作区和3季作区应用。

1. **春提前栽培对设施的要求**

(1)**选址** 大棚要建在背风向阳、交通便利的地方,以南北向为好;或在大棚的迎风一侧设立风障挡风。

(2)**性能** 采光性能好,光照分布要均匀,白天升温快,夜间保温好,保持一定大小的内部空间,管理方便,大棚的通风口设置要合理,要求顶部通风口和中部通风口的位置适中,并易于开放和关闭;一般塑料大棚宽度为8～14米,长度为50～80米;脊高为2～2.5米,边高1米以上;结构合理,坚实牢固,具备一定的抗风雪能力。一般来讲,大棚内的立柱数量越少,棚内的光照分布越均匀,越有利于辣(甜)椒的生长,但大棚的立柱数量减少、结构变简单后,棚架的牢固程度也随之下降,抗风、雪能力也随之降低。大棚的规格越大,保温性能越好,但棚内中间部位的光照变弱,不利于辣(甜)椒生长。具体选择时,冬春季风多风大的地区,应选用骨架结构牢固的多立柱大棚以及钢架大棚;冬春季风少风小的地区,应选用立柱较少的大棚或空心大棚;冬春季温度偏低地区,应选用双拱大棚或规格较大一些的大棚;春季温度回升比较快,温度偏高的地区可选用普通的单拱大棚或高度低一些的大棚,以增加大棚内的光照,满足辣(甜)椒生长对光照的要求。

(3)覆盖物 覆盖的塑料薄膜应为透光性能好的无滴膜或半无滴膜,其中以乙烯-醋酸乙烯多功能转光膜为好,聚乙烯薄膜易产生水滴,透光性不好,而聚氯乙烯多功能复合膜费用高,会增加大棚辣(甜)椒的生产成本。

(4)特别提示 我国由南到北,温度逐渐变低,保温的问题越来越突出,而由北向南通风降温的需求越来越重要,所以大棚的面积大小由南向北有逐渐增大的趋势。黄淮流域每个大棚一般为1亩;长江中下游地区每个大棚在2 000米²左右。如生产中常见的大棚一般跨度在8~12米,长度在40~60米,高度与跨度之比为1:4或1:5,一个棚的面积一般在1亩左右;近几年河南周口、河北永年等地,结合国外大棚自行研究一种占地3 300~6 670米²的连栋大棚,发展很快。

2. **品种选择** 选择早熟性好、抗病性强,既耐低温、弱光照,又耐热,株型紧凑,适于密植,商品性状优,经济效益好的品种。

3. **适期播种** 我国主要辣(甜)椒产区,在日光温室中加温床育苗的适宜播期为:哈尔滨、呼和浩特、太原1月上旬,北京11月下旬至12月上旬,上海11月中旬,南京10月下旬至11月上旬,武汉11月上旬至11月下旬,郑州12月下旬,长沙10月上旬。

4. **适时定植**

(1)提早扣棚 在定植前20~25天提早扣好棚,并进行保温防寒管理,以升温烤地,促进土壤化冻。

(2)整地施肥做畦

1)整地 最好在头年的秋冬季将土壤深翻冻垡晒土,改良土壤结构和杀灭土层中的病虫。

2)施肥 塑料大棚栽培生育期长,需肥量大,定植前结合翻地亩施入优质有机肥7 500千克,三元素复合肥50千克。

3)做畦 辣(甜)椒根系浅,不耐旱,不耐涝,整地做畦要精细,土表平整,土细,浇水时水流快而均匀,排水顺畅。地整平后,按宽行距60厘米、窄行距40厘米,做15~20厘米高小高畦。

(3)覆盖地膜 大棚内结合小高畦采用地膜覆盖提高地温,不但有利于辣(甜)椒根系生长,促进早发秧,提早采收,而且具有良好的保墒和降低棚内空气湿度的作用。地膜覆盖方法可参照本章第一节"地膜覆盖栽培技术"进行。

（4）适时定植

1）原则 定植时要求大棚10厘米地温不低于12℃，夜间最低气温不低于5℃，并稳定7天左右。定植过早易受冻害，即使没有明显受冻，过低的地温使根系不能生长，对幼苗生长不利。

2）不同地区定植时期 长江流域多在3月上旬定植，华北等地一般在3月中下旬至4月上旬，东北与西北地区在4月下旬至5月上旬定植。

3）定植技术 定植应选择晴天进行，定植后立即浇水。

4）合理密植 大棚定植密度应小于露地，否则易引起植株徒长。定植密度根据品种特性而定，对生长势较旺、开展度较大、叶量较大的晚熟品种适当稀植；对生长势相对较弱和叶量较小的早熟品种可采用双株定植，并适当密植。

早熟品种定植的密度按双株栽苗，株距26～30厘米，亩栽8 500～10 000株。中晚熟品种定植的密度按单株栽苗，株距33～40厘米，亩栽3 300～4 000株。

5. 定植后的管理

（1）温度与空气湿度管理

1）温度 定植初期为缓苗期，大棚管理以升温保温，促进缓苗和生长为主。在定植初的5～6天内密闭大棚，夜间棚外四周围草帘保温防寒，棚温白天保持在28～30℃，不超过35℃不放风，夜温尽可能达到和保持在18～20℃。缓苗后要降低棚内温度，以防徒长，白天可降到20～28℃，超过30℃必须放风，夜温以16℃为宜。

2）空气湿度 适宜辣（甜）椒坐果的空气相对湿度为60%～80%，当湿度过大时影响辣（甜）椒授粉受精。如果棚内空气湿度和温度较高，易引起植株徒长，导致落花落果。高温高湿通常导致辣（甜）椒坐不住果，进一步加剧植株徒长，徒长的植株，如果管理不当，可全株一果不结，形成所谓"空秧"。所以，在保持一定温度的条件下，必须加强通风，降低棚内温、湿度。

3）温度与湿度调节 温度与湿度调节是通过调节放风时间和放风口的大小来实现的。放风的原则是先小后大，先中间后两边，根据天气和植株生长状况灵活进行。

开花坐果盛期外界气温逐渐升高，要使棚内保持适温，须有较大的通风量和较长的通风时间。通过调整温、湿度使辣（甜）椒植株生长矮壮，节间短，坐果多。当外界最低气温达15℃以上时，昼夜都要通风。进入炎夏高温季节，可将塑料薄膜揭去或四周掀起。如长江流域在5月中下旬可全部撤除薄膜；而东北、西北及华北，可等到6月中旬再将大棚薄膜撤除，进行露天越夏栽培。

（2）肥水管理

1）浇水 辣（甜）椒定植初期，应适当控制浇水，以协调营养生长与生殖生长的关系，促进早结果、早丰产。由于大棚内水分蒸发量比露地小，地膜覆盖使水分蒸发量更小，故定植时浇水量不宜太多，以免地温过低，影响缓苗。定植4～5天后再浇1次缓苗水。第二次浇水时间在定植后20天左右，多数植株门椒长到直径4厘米以上时进行。以后根据天气和植株生长情况浇水，保持土壤见干见湿。撤膜前浇1次大水,向露地栽培过渡。外界气温较高时,蒸发量大,一般隔6~7天浇1次水。

2)追肥 门椒长到直径4厘米时,结合浇水亩施硝酸磷肥10~20千克。结果前期隔1次水追1次肥,盛果期更不能缺肥,可结合喷药进行叶面施肥,叶面肥施用技术参照本章第一节"地膜覆盖栽培技术"的有关内容进行。

(3)光照管理 前期的光照管理参照本章第二节"春季中小拱棚栽培技术"的有关内容进行。

夏季高温季节,光照较强,可采用废旧编织袋、草苫、遮阳网等方法进行遮阴,在减轻光照强度的同时,可降低大棚内的温度,使辣(甜)椒继续健壮生长。

(4)植株调整 大棚中栽培辣(甜)椒生长较露地旺盛,株型高大,不仅影响植株通风透光,还可能导致茎叶徒长,不利于开花结果,致使产量下降。因此,大棚栽培辣(甜)椒必须进行植株调整。一般在门椒坐住后,将分杈以下的叶和枝条全部除去,以使上部多结果;生长中期及时打去底部老叶、黄叶和细弱侧枝,以利于通风透光,减少病害发生。植株调整宜选择晴天进行,以利于伤口愈合。有些品种会发生倒伏现象,要及时吊秧。

炎夏过后,结果已到上层,植株趋向衰老,结果部位远离主茎,果实营养状况恶化,此时要对植株进行修剪更新,修剪时从第三层果枝(四门斗)的第二节前5~6厘米处短截,弱枝宜重,壮枝宜轻,修剪后叶面积将减少3/4。修剪一般于9时进行,使伤口能在当天愈合。修剪后可喷甲基硫菌灵+农用链霉素防病,并加强肥水管理,促进新枝的生长和开花坐果。

(5)保花保果

1)使用调节剂 喷植物生长调节剂或用保花保果药剂蘸花,对辣(甜)椒生长期间保花保果有重要作用。

☞在辣(甜)椒初花期,对旺株喷洒缩节胺(又叫助壮素)1~2次,亩用药5克加水50千克,可降低株高,促进坐果,增加前期产量和总产量。

☞在开花期每隔7天喷1次20~50毫克/千克萘乙酸,有利于防止落花落果,提高前期产量。

☞用40毫克/千克的番茄灵(对氯苯氧乙酸)喷洒花朵,保果效果较好。

☞开花期用15~20毫克/千克的2,4-D进行蘸花,可防止落花落果,提高坐果率,并可加速果实的生长和成熟。注意处理时药不能触及植株的其他部位。

☞特别提示。采用生长调节剂处理后,应加强肥水管理,促进果实生长和发育。用2,4-D等生长调节剂处理不当时,易使果实畸形,更易引起落花落果。所以在生产中要严格规范实施各个栽培管理措施,以提高开花坐果率。

2)加强管理 及时搞好水、肥、气、光等环境条件的调节。

(6)适时采收及其他 参照本章第二节"春季中小拱棚栽培技术"的有关内容进行。

二、秋延后栽培技术

我国长江中下游及华北地区,秋末气温下降快,该地区秋延后栽培辣(甜)椒时,适于生长的时间较短,辣(甜)椒产量较低,冬前(霜前)不能完全收获,必须加覆盖保护生长,所以利用塑料大棚进行延后栽培,可显著延长辣(甜)椒的供应期,如果结合简易储藏,可供应到元旦和春节,栽培效益较高。

在栽培上有些技术与春季和夏季栽培有相同的地方,这里只介绍不相同的关键技术。

1. **秋延后栽培对设施的要求** 辣(甜)椒塑料大棚秋延后栽培,对大棚的要求与大棚辣(甜)椒春提前栽培大致相同,不同之处在于秋延后大棚栽培可选择东西棚向(即南北延长),因东西棚向一天当中棚内各处获得的光照量差异较小,光照分布和温度较为均匀,有利于辣(甜)椒整齐生长。夏季采用遮阳网降温,秋季依靠太阳辐射增温及塑料膜保温。

2. **品种选择** 宜选择前期耐高温,中后期耐低温,抗病性强(主要是抗病毒病),丰产性好及耐储运的中早熟品种。

3. **适期播种** 大棚秋延后的播种期较严格,播种过早,苗期高温多雨,幼苗易徒长和发生病毒病;播种过晚,生长期不够,影响产量和品质。华北地区一般在6月底至7月中旬播种,长江中下游地区可在7月下旬至8月中旬播种。

此茬辣(甜)椒播种时气温高、雨水多,育苗期间易发生病毒病及多种病虫害,必须采用遮阴和网纱隔离育苗。在播种前10天,对床土喷洒福尔马林50克/米^2,喷后盖膜闷2~3天;然后揭开农膜,翻土散去药味后,装钵或建苗床备播。种子也要用10%磷酸三钠溶液浸种20~30分,捞出洗净,置于25~30℃下催芽。

播种前苗床或育苗盘要浇足底水,播种时适当稀播,播后覆土厚1厘米。然后在苗床上用竹弓作拱架,竹弓两端插在苗床畦埂外侧,中高1米,上覆遮阳网。平时可将四周卷起通风,下雨时放下,防雨水溅灌苗床。

该茬辣(甜)椒不分苗,尽量避免伤根。

苗床浇水宜在清晨或傍晚进行。

4. **整地施肥** 秋延后栽培辣(甜)椒,在前茬作物收获后,立即清洁田园,进行耕翻和平地。整地要细致,否则水分散失快。耕翻前,如土壤太干,可先浇水造墒,然后再施肥(施肥种类和数量同春提前)做畦或起垄。

5. **扣棚防雨遮阴** 定植前,对整好畦或起垄的地块,在大棚(竹木结构、竹木水泥混合结构或装配式)骨架上扣上塑料薄膜、遮阳网或其他遮阴覆盖物,以防雨和遮阴降温。

6. **适时定植** 定植的苗龄以30天左右为宜。定植前幼苗要喷杀虫剂和杀菌剂。在阴天或晴天的傍晚进行定植。双株定植,行株距为50厘米×30厘米。为防止椒苗失水萎蔫,要边栽边浇定植水。

7. 定植后的管理

(1)温度管理 定植初期,白天温度高,光照强,外界温度较高,空气干燥,对辣(甜)椒生长不利,可昼夜通风,并覆盖遮阳网,遮阴降温,也可通过早、晚浇水来降低地温,增加湿度,满足辣(甜)椒生长的环境条件。

华北地区9~10月,长江流域10月上旬至11月中旬,白天气温一般在28℃以下、夜温15℃以上时,应及时撤去遮阳网。

当气温下降时要进行保温管理。华北地区一般在9月中旬,长江流域在10月上中旬,夜温下降至15℃以下时,应扣严塑料薄膜棚。随着温度的下降,最后只在中午放风,以后逐渐昼夜少通风,白天保持在25℃左右,夜间以不低于16℃为好。

华北地区在10月底11月初,长江中下游地区在11月中旬后,外界气温急剧下降,棚内最低气温下降到15℃以下时,晚上应开始覆盖不透明覆盖物,设法使大棚内的温度白天保持在25~28℃,夜间15~18℃。

当夜间最低温降至5℃,为延长辣(甜)椒的采收供应期,可在大棚内再搭小拱棚或二道幕,小拱棚的薄膜白天揭,晚上盖,逐渐缩小放风量和放风时间。夜间将棚扣严进行保温,只在白天通风。当寒流来临时,晚上可在小拱棚薄膜上加盖草帘进行保温,并做到晚掀早盖少通风。但在天气晴好时的中午,仍应进行短时间(10~30分)的放风,以降低温、湿度和换气。

(2)肥水管理 既要防止干旱引发病毒病,又要控水防止秧苗徒长。一般定植时浇足定植水。定植后5天左右要及时浇缓苗水,并及时进行中耕保墒。如果地温过高,可采用在行间覆盖麦秸、麦糠、稻壳、稻草等降地温。植株开始开花,要加强通风透光管理,促进坐果。门椒坐住后,浇1次催果水。结合浇水,亩追施尿素20千克,浇水后及时放风排湿。进入辣(甜)椒结果盛期,可15~20天追肥1次。天气转冷后,应减少浇水次数,以保持土壤湿润为宜。9月以前,高温季节每隔2~3天浇1次水,保持土壤湿润。

当辣(甜)椒大量坐果后,植株需肥量增加,应追施氮磷钾复合肥,促进果实膨大。进入11月上旬,浇水量适当减少,12月以后尽可能少浇水或不浇水,防止病害的发生。

遇大雨要及时排水防涝。

(3)光照管理 华北地区自北至南,9月以前光照强,可通过遮阳网覆盖遮阴降温;当白天温度在28℃以下、夜温15℃以下时,应及时撤去遮阳网,增加光照,否则会因光照不足,导致植株生长弱,叶片薄,茎细长,影响坐果。

从10月下旬至11月中旬,自北至南开始加盖草苫保温。草苫每天早揭晚盖,以延长光照时间;揭苫后及时清扫膜面的草屑和灰尘,增加透光率。

在11月中旬以后,因气温下降迅速,白天要揭开草帘,尽量让植株多见光。12月以后,日照时间短,除了尽可能让植株多见光外,还要经常擦除膜上灰尘和膜内的水滴,保持大棚薄膜的清洁度,增加薄膜的透光率。

(4)植株调整 高温季节如果植株生长旺盛,可将第一层果以下的腋芽全部摘除;生长势弱的植株,可将第一层花蕾及时摘掉,促进植株的营养生长,保证上层花坐果。10 月下旬至 11 月上旬,对嫩梢、无效枝条要及时摘除,减少养分消耗,促进已结果实膨大。

秋延后辣(甜)椒生长前期温度高,湿度大,植株生长旺,茎较细软,有的品种会发生植株倒伏现象,所以要及时进行培土,同时可在行间设简单支架或吊秧。

(5)保花保果　温度超过 35℃时,使用 2,4 - D 等激素处理花蕾,以保证坐果。

(6)适时采收　当外界气温较低时,为防止果实受冻和影响储运,一定要适时采收。单层大棚华北地区 11 月上旬应全部采收完毕,否则会受冻;长江中下游地区可采收到 11 月下旬。如果大棚内套小拱棚,并在晚上覆盖草苫保温,可进行活体保鲜,待价出售。

8. 储藏增值技巧

(1)活体储藏保鲜　当温度不适宜辣(甜)椒生长时,不采收,仍使辣(甜)椒在植株上挂着不受冻害,称为"活体储藏保鲜"。这种储藏方法不用增添新的设备和场所,只要最低温度不低于 5℃,辣(甜)椒既不变色,又不会遭受冻害。根据市场需要,待价格较高时采收上市。

但注意温度不能太低,如棚内气温长期(20 天)低于 5℃,辣(甜)椒会因受寒害而腐烂。在管理上,每天清晨、下午及夜晚用不透明的覆盖物进行覆盖,上午将不透明覆盖物揭开。华北地区可储藏到元旦上市。

(2)采收、储藏与保鲜

1)采收　这是储藏辣(甜)椒极为重要的一环,在采收前 1 ~ 2 天灌 1 次水,使辣(甜)椒充分吸水充实,不致经过储藏而失水。采收宜在清晨温度低时进行。选择无病虫害,色泽新鲜,大小整齐一致,成熟度(商品成熟期)适中的辣(甜)椒,采摘过早会影响产量,过晚又会影响储藏的寿命和质量。作为长期储藏的辣(甜)椒最好精细采摘,用剪刀剪下,用烙铁将果柄伤口烫焦或涂上凡士林油。采摘和储藏时都应轻拿轻放,避免机械损伤,为防止运输途中的机械伤,用筐装辣(甜)椒,并在筐内衬垫柔软的包装纸,并注意保温。

2)储藏方法

A. 塑料袋储藏。选用塑料食品袋,将刚摘下的辣(甜)椒,装入塑料袋中,每袋 1 ~ 1.5 千克,松扎袋口,放在室内冷凉处储藏。

B. 气调储藏。利用气调法储藏可以较好地保持辣(甜)椒的品质。利用这种方法储藏,需要创造一个密闭环境,有塑料袋和硅窗塑料袋,储量大的还可用塑料薄膜焊接成密封帐子。这种储藏方法是利用辣(甜)椒自身呼吸作用自然降氧的储藏。装袋不宜装得太满,在袋口部位留有一定空间,轻扎袋口或在袋口放置一段可以连通袋内外的塑料管,以便自行排湿换气。同时在袋内放入适量的仲丁胺熏蒸剂,以便防病,一般可储 30 天左右。利用密封帐子的均是先装篓,然后用帐子将篓罩住,放到气温适宜的环境储藏。

夏天如果将装好辣(甜)椒的袋子放到地窖或窑洞内储藏,效果会更好。

用帐子储藏需采用抽气法快速降氧,密闭帐子前,按储藏辣(甜)椒重量的 1/20或者 1/40 放入用高锰酸钾饱和溶液浸透的碎砖块来氧化储藏期间释放出的乙烯,一般 10 千克辣(甜)椒放载体 0.5 千克,防止辣(甜)椒表皮变红变软。储前可将辣(甜)椒喷洒甲基硫菌灵 500 倍液,可避免辣(甜)椒腐烂。

C. 水缸储藏。辣(甜)椒储藏用新缸最好,避免用有油腥或腌过咸菜和具有其他气味的缸。用旧缸时,在储藏的前几天用开水和碱面刷洗干净,缸内盛净水 10 ~ 20 厘米深,距水面 5 厘米处放一木料的"井"字形架,架上再放用苇子、竹片或细竹竿编成的圆形箅子,在箅子上码放辣(甜)椒。辣(甜)椒入缸后立即用牛皮纸或塑料薄膜封严。天气转冷后要采取保温措施,避免低于 15℃。缸藏法使辣(甜)椒处于半封闭状态,易于保持较高的温度、湿度,另外,缸内氧气含量下降,二氧化碳含量上升,改变了储藏环境的空气成分,收到气调储藏的效果。一般可储藏 30 ~ 40 天。

D. 土窖储藏。塑料大棚秋延后辣(甜)椒,宜采用此法进行较大数量的储藏。初霜前后,在背阴处沿东西向挖沟,沟宽 1.7 ~ 2 米,深 1.3 米,长度可根据辣(甜)椒数量的多少而定。挖出的土筑高 1 米、厚 0.7 ~ 1 米的土墙,在南、北、西三面墙上设40 厘米×40 厘米的通气孔,东墙设门。沟顶可放木杆,搭盖 20 ~ 30 厘米厚的玉米秸,上盖 20 厘米厚的土;沟顶留出通气的天窗,如无背阴环境,可在沟窖南侧设影草墙遮阴。在窖内沿窖壁用砖和竹竿搭成架子,可间隔成 3 ~ 4 层。早晨摘辣(甜)椒入窖,码放在架子上,每层辣(甜)椒的厚度不超过 20 厘米,以免压伤。入窖初期,白天将天窗、通气孔及门都堵严,日落后打开天窗、通气孔和门,通风降温。随天气转凉,可减少通风时间或通风量,白天适当通风,夜间关闭并加强保温。为避免辣(甜)椒萎蔫,可于辣(甜)椒上覆盖湿蒲席保湿。储藏期间,每隔 10 ~ 15 天检查翻动 1次,将变红、变软、生病和腐烂的辣(甜)椒拣出。

E. 水窖储藏。该法适于地下水位较高的地区使用。窖的规格一般是宽 3 米、长5 ~ 6 米、深 2 米(地面下挖 1 米,地面上筑 1 米),窖顶覆土厚 0.5 米以上。储量为500 ~ 1 000 千克,窖顶设通风口两个,每个通风口的大小为长 5 厘米、宽 3 厘米,出入口设在顶部或窖壁北侧。窖底贴四周墙壁挖水沟,水沟与地下水相通,沟深 20 厘米,宽 1 米,中间留人行道,水沟上设木架,架分 3 层,架略窄于水沟,可直接将辣(甜)椒纵横码于架上。也可将辣(甜)椒装筐或装袋置于架上。这种水窖储藏湿度大,温度稳定,储藏 20 ~ 30 天,好果率 80% ~ 90%。

另外,地下水位较低的地区,可在水井附近挖窖,结构同上,不同之处是,需每天早、晚顺沟向窖内灌水。

第四节　日光温室栽培技术

在冬季最低温度 − 15℃ 以上或短时间 − 20℃ 左右的地区,利用日光温室在不加温或进行短时加温情况下生产辣(甜)椒,成本低,产品质量好,已成为我国北方辣(甜)椒生产的主要栽培模式。

在生产上,常依据辣(甜)椒开花结果期所处的季节不同,将日光温室辣(甜)椒栽培分为越冬一大茬、冬春茬和秋冬茬3种类型。

一、越冬一大茬栽培技术

辣(甜)椒日光温室越冬一大茬生产,是指在日光温室栽培设施下,秋季播种,春节前后开始供应市场,一直采收至翌年6月的辣(甜)椒生产模式。其栽培难度大,风险高,发展面积较小。适应区域为2季作区。

1. **对设施的要求**　在越冬一大茬生产中,辣(甜)椒的开花结果前期正处于严寒季节,要求日光温室具备良好的采光和保温性能,一般要求墙体厚度大于当地最大冻土层厚度的2~3倍;后屋面长1.2~1.5米,厚度0.3~0.5米;草苫厚度5厘米以上,外层保温覆盖采取草苫+双层塑料薄膜覆盖,或采取无纺布+草苫+塑料薄膜、夜间增设保温幕、二层膜等内层保温覆盖的多层覆盖形式。温室的前屋面采用透光率较高的圆弧形坡面,前屋面与地面的夹角一般不小于当地地理纬度10°。冬季光照明显不足的地方,还需配备补光设施及反光膜。应优先选择无色聚氯乙烯(PVC)多功能复合膜。由于冬季多雪以及需要覆盖草苫保温,因此温室的骨架应比较牢固,负荷能力强。

2. **品种选择**　该茬辣(甜)椒宜选用耐低温、耐弱光、抗病性强、早熟丰产的大果形品种。

3. **适期播种**　播种过早,高温多雨,易发生病虫害;播种过晚,春节前产量低,效益差。

(1)辣(甜)椒　日光温室辣(甜)椒栽培,投资大,生产成本高,在茬口安排上,播种适期因地而异,按照既能获得高产又能获得高效的原则,只有尽量避开大中棚辣(甜)椒的上市高峰,才能发挥日光温室的优势,获得高产高效。实践认为,京津地区,河北省中南部,河南省,安徽省北部,江苏省西北部,陕西省西安市为8月中下旬至9月上旬,辽南地区为8月中下旬,兰州为7月中旬。这样"八面风"部位青椒能在春节上市,产量盛期在3~4月,市场价格最高时上市,以获得最佳效益。

(2)甜(彩)椒　以供应元旦、春节用的礼品箱为主,少量供应超市、宾馆。因此,在茬口安排上一定要保证元旦、春节期间,甜(彩)椒的果正、色艳。根据甜(彩)椒开花坐果期的适宜温度(白天22~25℃、夜晚15~18℃)和果实成熟的天数计算,开花坐果后到果实定个的时间需25~30天。需把彩色甜椒的播种育苗时间安排在7月,使坐果时间赶在10~11月,转色时间在11~12月。翌年元旦到春节为集中采收上市时间,3~4月为第二茬采收上市时间。

需转色品种7月上旬播种,不需转色品种在7月下旬播种。

4. 整地定植

(1)闷室消毒 在整地前可高温闷室处理,浇水后将温室闭严,使其自然升温。晴天的中午,室温可升至60℃,能消灭部分病菌,闷室可结合进行熏烟消毒。一座占地333米²的日光温室用硫黄粉750克、75%百菌清200克、80%敌敌畏350克、七成干锯末1千克,混拌制成烟雾剂,每3间温室放一堆,从里到外点燃后,人员迅速离开,5~7天后打开底脚、天窗和门进行通风。这样可杀灭潜伏在温室内的大部分病菌和虫体。

(2)定植前的苗床管理 定植前5~7天先喷药1次,药液为75%百菌清可湿性粉剂600倍液和20%灭扫利乳油2 000倍液的混合液,进行防病灭虫,然后浇水、囤苗。定植前1天喷洒80%甲霜灵锰锌可湿性粉剂600倍液、20%菊马乳油2 000倍液、多元素营养液肥200倍液的混合液。做到带土、带水、带肥、带药定植。

(3)整地施肥 此茬辣(甜)椒生长期长,需肥量大,应多施深施有机肥作基肥。一般亩施充分腐熟的有机肥8 000~10 000千克、过磷酸钙100千克、硫酸钾20~30千克、饼肥150~200千克。并采取地面普施和开沟集中施相结合的方法。结合施肥深翻地25厘米以上,整地起垄,若进行常规栽培,按60厘米×40厘米的大小行距起垄;若进行主副行栽培,则按1.5米为一带,栽3行辣(甜)椒。2个主行垄1个副行垄的方式栽培。做成宽0.7米、高0.2米、垄间(垄沟)距0.5米的高垄。垄间(垄沟)即是浇水沟,深20厘米。

(4)适时定植 定植适期一般为日历苗龄45天,幼苗带花蕾。在北京、天津、河北省中南部、陕西省西安地区为9月下旬至10月上中旬,辽宁省南部地区为10月上旬,甘肃省兰州地区为9月下旬。

(5)定植技术 定植的密度根据品种特性而定,对生长势较旺、开展度较大、叶量较大的品种可适当稀植,对叶量较少、叶片较小的早熟品种,适当密植。

1)常规起垄栽培 每垄栽2行,窄行距40厘米、宽行距60厘米,早熟品种穴距25厘米,每穴栽2株;晚熟品种穴距40厘米,栽单株。

2)主副行栽培 在高垄上按行距0.5米,株距40厘米开穴,定植大果形的辣(甜)椒与彩色椒,亩保苗2 000株,用于长期栽培。在垄沟内按株距25厘米开穴,每穴栽2株,亩栽苗1 777穴,保苗3 500株,四门斗开花时留2片叶打尖,果实收完后拉秧,作短期栽培。

选择晴天9~12时定植。定植顺序是先栽副行,后栽主行。栽时穴内先浇水,然后栽苗覆土,全室栽完后顺沟浇压根水。

（6）地膜覆盖　覆盖地膜不仅可提高地温,而且可有效控制地表水分蒸发,降低温室内空气的相对湿度。

1）先定植后覆膜　在温室生产中覆盖地膜,可采用"苗侧套盖"的方法,即把地膜顺畦放在小高垄上两行苗之间,然后两人一组在畦的两侧,横向拉开地膜,对准苗的基部用剪子剪开地膜,顺膜缝套住苗,向畦两侧抻紧,然后用土压严地膜边缘和剪开的地膜缝。适于主副行栽培。

2）先覆膜后定植　先在两垄上铺地膜,定植时在地膜上用定植打孔器打孔,把苗坨摆入所打孔,浇足定植水。栽苗深度以苗坨上表面略低于垄面或畦面地膜为宜。适于常规起垄栽培。

5. 定植后的管理

（1）肥水管理　定植后至门椒坐住前,适当控制浇水,促进坐果。门椒长至2～3厘米时,及时浇水,并随水亩追施尿素15千克作催果肥。

对椒坐住后,结合浇水,进行第二次追肥,亩随水冲施尿素20千克和硝酸磷肥20千克。

12月下旬至2月中下旬为低温弱光期,如不特别干旱,要少浇水。冬季浇水可选择连续晴天进行。开春后,温光条件转好,一般7天浇水1次,隔1次水追肥1次,亩每次追尿素15千克左右,还可每隔7天用0.2%磷酸二氢钾＋0.2%尿素进行1次叶面喷肥。

立春后,进入盛果期,辣（甜）椒发秧和结果同时进行,是肥水需求的高峰期,一般10～15天追肥浇水1次。

结果盛期,可实施叶面追肥,具体参照本章第一节中"定植后的管理"的有关内容进行。

（2）光照调节　严冬时节光照时间短,光照强度弱,室内光照往往难以满足辣（甜）椒生长的需要,所以增加光照强度是增产的重要措施。

1）选择棚膜　要选择透光率高的聚氯乙烯无滴膜覆盖温室,每天揭苫后及时清扫膜面的草屑和灰尘。在温室后墙处张挂反光幕,并不断调整张挂高度和角度,保持最好的反光效果。如无反光幕,也可用石灰将温室后墙及东西墙涂白,同样具有反光作用。

2）光照管理　在保证温度的前提下,尽可能早揭晚盖草苫,以延长光照时间。雪天要及时扫除膜上积雪;外界温度低的阴天,要掀开温室前沿见光。

（3）温度管理　定植后5～6天,白天温度不超过35℃不放风,以利缓苗。超过35℃时从屋脊部开始打开放风口。心叶开始生长表明已缓苗,应开始通风降温。白天温度维持在25～28℃,夜间17℃左右,以利花芽分化。以后随着外界温度降低,逐步减少放风量,缩短放风时间。外界气温低于0℃时,温室夜间应加盖草苫保温,使温度白天保持在25℃左右、夜间保持在15℃左右为宜。

进入12月后,外界气温更低,一般只在中午短时放风,晚上应注意防冻。

1月应采取保温增温措施,室内加一层保温幕（或叫二道幕）;恶劣天气可采取临时加温设备加温,使室内温度不低于13~15℃。

3月中旬以后,要注意放风严防高温,特别是夜间高温会使植株早衰,病害加重,造成减产。

(4)补施二氧化碳气肥 二氧化碳是辣(甜)椒进行光合作用制造养分必不可少的主要原料之一,也称之为气肥。冬季低温季节,为了保温,温室内常处于相对密闭状态,日出后随着植株光合作用的增加,温室内二氧化碳被植株消耗,浓度下降很快,在不放风的情况下显著低于露地浓度(300毫升/米³),远远不能满足辣(甜)椒光合作用的需要。

(5)放风管理 定植后的一段时间里要封闭温室,保证湿度,提高温度,促进缓苗;缓苗后要根据调整温度和交换气体的需要进行放风。但随着天气变冷,放风要逐渐减少。冬季在排除室内湿气、有害气体和调整温度时,也需要放风。但冬季外温低,冷风直吹到植株上或放风量过大时,都容易使辣(甜)椒受到冷害甚至冻害。所以,冬季放风一般只开启上放风口。

放风中要经常检查室温变化,防止温度下降过低。春季天气逐渐变暖,温度越来越高,室内有害气体的积累会越来越多,调整温度和交换空气要求逐渐加大通风量。春季的通风一定要与防辣(甜)椒疫病结合起来。首先,只能从温室的高处(原则不低于1.7米)开口放风,不能放底风,棚膜的破损口要随时修补,下雨时要立即封闭放风口,以防止疫霉孢子进入室内。超过35℃的高气温有抑制疫霉病孢子萌发的作用,这也是在放风时需要考虑到的问题。春季蚜虫、飞虱、斑潜蝇等害虫繁殖活动加快,为了防止这些害虫进入室内危害,在放风口处设置防虫网,切实可行,行之有效。

当白天外界温度稳定在16℃以上时,可以从温室上、下两部分进行放风。

当外界夜温稳定在13℃时,温室可彻夜进行放风,但要防降水入室。日光温室的辣(甜)椒一直是在覆盖下生长的,一旦揭去塑料棚膜,生产即告结束。

(6)植株调整 日光温室越冬一大茬辣(甜)椒生育期长,植株高大,若按传统的不整枝管理,不易保持植株长期旺盛的生长势,果实也不能充分生长,影响产量和质量。生产过程中要及时打去门椒以下的侧枝和老叶;对相互拥挤的枝条及时疏剪,徒长枝(节间超过6厘米)应尽早剪掉;由于植株高大,为防止倒伏,可用塑料绳牵引枝条。

1)捋裤腿 门椒以下的侧枝长到2~4厘米时要全部抹除,称捋裤腿。

2)整枝 为提高前期产量常采用双干整枝方式进行整理。方法是当门椒坐住果、对椒开花后,在对椒上部选两条长势强壮的枝条作为结果枝,其余两条长势相对较弱的次一级侧枝在果实的上部留2片叶摘心,以后在选留的2条侧枝上,见杈即抹,始终保持整枝后有2条壮枝结果。

3)疏花疏果 辣(甜)椒在每株坐果8~12个时,彩(甜)椒在每株坐果4~6个时,视植株长势清除上部小果和花蕾,不可摘心,原因是摘心后在主茎上易发生新梢,增加管理难度。待这些果实定个基本形成产量时,不再疏花疏果,以形成第二次结果高峰。这时要注意剪去内膛的横生枝和弱枝。

4）果枝更新　收完"八面风"部位的椒果后,结果部位已远离主茎,植株养分输送困难,生长量减少,营养状况变劣。因此,要及时进行果枝更新,对老枝进行修剪,以促使辣(甜)椒持续高产优质。修剪前15天左右,要对植株进行多次打顶,不让其再形成新梢、花蕾,并促使下部侧枝及早萌动。修剪的方法是在四门斗果枝的第二节前5~7厘米处剪截,弱枝重剪、壮枝轻剪。修剪后要及时在伤口涂抹农用链霉素1克+80万单位青霉素1克+75%百菌清可湿性粉剂30克+水25~30克和成的稀药糊,以防伤口感染。同时加强施肥、浇水、中耕等管理。4~5天有大量侧枝萌发时,选留4条长势较壮的侧枝,其余全部抹去,15~20天就可现蕾,30天后小果形成,40~50天可收第二茬果,以后转入正常管理。同时这层果也要视品种及长势强弱进行确定留果数量。以便形成均匀一致的大果,提高产品的档次。防止薄皮小果、畸形果的出现,做到高产优质。

（7）保花保果　参照本章第三节"塑料大棚栽培技术"进行。

（8）适时采收　生产中通过对果实的采摘,结合肥、水促控,来调节分枝数目和分枝的长短,效果很好。在足够的水肥供应条件下,初期果实要及时采收,以促进新枝的分生。中后期则应注意增加采收次数,每次采摘要摘老留嫩、摘多留少,达到果不空树、以果压树的目的,使分枝不断抽生,形成一个分枝均匀、节长适度、树形紧凑的树冠,稳长健壮丰产的株型。

1）辣(甜)椒　辣(甜)椒的采收技术参照本章第一节"地膜覆盖栽培技术"的有关内容进行。

2）彩椒　彩椒采收必须充分转色,但也不宜过熟,转色就摘,过熟水分散发过多,品质和产量也相应降低,不耐储藏运输。但如果市场需要,也可采摘青椒上市。

二、冬春茬栽培技术

日光温室冬春茬辣(甜)椒生产,前期虽处于低温弱光阶段,但生长中后期天气逐渐转暖,光照逐渐充足,产量高,效益好,栽培易获成功,是目前日光温室辣(甜)椒生产的主要栽培形式。

1. 对设施的要求　辣(甜)椒日光温室生产,有收无收在于温,收多收少在于光,只要温室内10厘米地温不低于10℃,最低气温不低于5℃,就能够满足该茬辣(甜)椒生产对温度的需求。

2. 品种选择　应选择耐低温、抗病、丰产的早熟品种。

3. 适期播种　日光温室冬春茬生产以早熟和丰产为主,所以一般要育大苗。育苗时要适当早播,不同地区的辣(甜)椒播种期因气候、育苗设施、定植期而不同,如华北地区一般在10~11月播种育苗。

4. 定植前的准备

（1）及早扣膜　新建日光温室为提高地温和气温,应及早扣膜,最晚也应在定植前15~20天扣好薄膜。

（2）熏烟消毒　该措施在扣好薄膜后实施。请参考第二章第四节相关内容。

（3）整地施肥　辣（甜）椒根系弱，分布浅，对环境反应敏感，要深翻土壤，精细整地。冬春茬辣（甜）椒生长采收期较长，要取得优质高产，必须充分施足基肥，要求亩施入 6 000 千克以上优质有机肥、50 千克磷酸二铵、15 千克尿素，或 50～70 千克三元素复合肥。先将 4/5 的肥料均匀撒施地面，再深翻整平，剩余 1/5 肥料按行距集中施入。

（4）起垄覆膜

1）起垄　按 60 厘米 ×40 厘米宽窄行整地起垄，并进行地膜覆盖。

2）覆膜　为有利于早春提高地温，促进辣（甜）椒根系的生长，最好采用地膜覆盖栽培。地膜覆盖对降低温室内的空气湿度，提高辣（甜）椒的坐果率和减少病害发生有显著的效果。地膜覆盖可采用在垄间先盖地膜后定植的方法。

5. **适时定植**　定植时，要求幼苗株高 20 厘米左右，茎粗 0.4～0.5 厘米，70%～80% 已现蕾。华北地区一般在 2 月上旬至 3 月上旬定植。定植应选择在连续晴天的上午，最好是"冷尾暖头"时进行。

6. **定植后的管理**

（1）肥水管理　缓苗后，根据墒情，浇 1 次缓苗水，门椒长到直径 3～4 厘米时，为促进果实膨大和新枝不断形成，以及陆续开花结果，要加强肥水管理，选晴天浇 1 次透水，并随水亩追施尿素 15～20 千克和硝酸磷肥 10 千克，或三元素复合肥 30 千克。以后每 15～20 天浇水追肥 1 次。立春后，进入结果盛期，气温升高，一般 5～7 天浇 1 次水，间隔 2～3 次水，随水冲施磷酸二铵、尿素、硫酸钾等肥料 20～30 千克。

结果盛期可叶面喷施 0.2% 尿素 +0.3% 磷酸二氢钾及含钙、硼元素的微肥。

（2）光照管理　选择透光率高的聚氯乙烯无滴膜覆盖温室，每天揭去草苫后及时清扫膜面的草屑和灰尘，增加透光率；在保证温度的前提下，尽可能早揭晚盖草苫，以延长光照时间，提升室内温度。

（3）温度管理　刚定植时，外界气温低，应密闭保温，白天温度保持 30℃；若秧苗出现萎蔫，可采用回苫遮阴降温或叶面喷水的办法。

辣（甜）椒秧苗心叶开始生长，新根已发生，表明缓苗结束。为防止秧苗徒长，促进坐果，应适当降温，白天控制在 25～28℃，超过 30℃就要放风，夜温以 16～18℃为宜，不能超过 20℃，否则幼苗生长细弱，易早衰和落花、落果。

立春后，进入结果盛期，外界气温已回升，应注意增加通风量，白天通过调节放风时间和放风口的大小，调节温室内的温度、湿度，使温室的温度白天控制在 25～27℃，夜温不低于 15℃。

当外界气温稳定在 18℃时，可将薄膜卷起，固定在温室前横梁上。进入炎夏季节，要防止高温危害，可将棚膜进一步上卷，使棚呈天棚状，并打开后墙的通风窗，加强通风降温。有条件的还可在棚上再盖上遮阳网，以遮阴降温。

三、秋冬茬栽培技术

日光温室秋冬茬辣（甜）椒栽培，从 11 月初开始采收，供应期在深冬季节，且可通过储藏择机上市,经济效益较好。

该茬辣(甜)椒栽培,除设施应用、播种、采收期与塑料大棚秋延后有所不同外,其他管理大同小异,此处仅介绍不同点。

1. **对设施的要求** 辣(甜)椒日光温室秋冬茬栽培前期处于高温强光条件下,后期温度逐渐降低,光照变弱,要求温室前期能遮阴防雨,后期采光保温性能好。覆盖薄膜宜选择无色或蓝色醋酸乙烯多功能复合膜或蓝色聚乙烯三层共挤复合膜。

2. **品种要求** 适于温室秋冬茬栽培的辣(甜)椒品种应选择苗期耐高温、抗病毒、低温下果实发育良好的中晚熟品种。

3. **适期播种** 华北地区一般在 7 月中旬左右播种育苗。秋冬茬辣(甜)椒育苗时正值高温多雨季节,所以育苗的关键是"四防",即防高温、防雨、防病毒病、防蚜虫。遮阴、防雨是培育壮苗的主要措施。

4. **温室消毒** 此茬辣(甜)椒定植正值高温高湿季节,病虫害繁衍较快,最好在定植前进行温室消毒。消毒方法有高温闷棚消毒,即关闭所有放风口,使温室温度上升到最高(60℃以上),并维持7 天左右,以杀灭病虫。

5. **定植技术** 定植苗龄不宜太大,一般具有 6～8 片叶,苗高 20 厘米左右。华北等地一般在 8 月中下旬至 9 月初定植。

定植时温度高,光照强,应选择阴天或下午进行。定植时将温室前后的膜掀开,膜上盖遮阳网或放其他遮阴物,形成通风而凉爽的条件。定植时,尽量多带土,少伤根,随定植随按株浇小水,随后顺沟浇大水促进缓苗。

6. **覆盖地膜** 可采用银灰色、黑色、黑白双色地膜覆盖,以保湿、避蚜,降温。地膜覆盖可先盖地膜后定植或先定植后覆盖地膜。

7. **定植后的管理及储藏增值技术** 参照本章第一节、第三节的有关内容进行。

第五节　看苗诊断与管理技术

在辣(甜)椒形态生长发育的整个过程中,出现形态异常现象(人为或自然因素作用下)在所难免。可以通过观察植株的形态,分析出现异常的原因,及时采取正确的处理方法,是辣(甜)椒生产获得高产高效的保证。

一、苗期

1. **子叶的形态表现与成图诊断** 催芽播种的种子,播后 5 天全苗。

叶幅宽大肥厚,叶脉明显,颜色深绿,胚轴长 3 厘米左右,大温差下可形成健壮苗。

若日照不足,夜温偏高,或昼夜温差小,子叶小而细长,下胚轴长,甚至早期子叶黄化脱落。

子叶与真叶的间距大于2厘米,即是徒长的表现。

两片子叶瘦小,下胚轴短,子叶色深绿,是高温缺水的表现。在低温季节育苗,床温低或土壤板结也会出现类似症状。

2. **真叶的形态表现与成因**　温度高,叶柄长。温度低,叶柄短,叶下垂。若墒情好时叶柄撑开,整个叶片下垂。

当氮、磷、钾肥配比较好时,叶片尖端呈三角形,钾肥效力充足时,叶片呈宽幅的带圆形状。

植株生长不良时,叶片从下部黄化。

叶色淡,叶肉薄,节间长,叶片与茎夹角小,是徒长的表现。

温度高,特别是夜温高,水分足,光照弱,叶片大而薄,叶柄长。

如果夜温偏高,氮肥偏多并干旱,叶柄基部与茎的夹角约呈40°而弯曲、下垂。

叶柄长,叶片大,茎与叶柄夹角小于40°,是夜温高、氮肥多、水分足的表现。

心叶变白,功能叶叶缘变白,叶片皱缩或干枯是喷洒杀虫脒、辛硫磷等农药产生药害所致。

3. **壮苗标准**　定植时两片子叶完好,真叶大小适中,叶片厚实而有光泽,节间长短均一,根色洁白,花蕾较大,无畸形。由于品种熟性不同,现蕾的叶片数为6～19片、株高15～25厘米均属于壮苗。

二、结果期

1. **正常植株**　生长发育正常,植株结果部位距顶梢约25厘米,开花处距顶梢10厘米,其间并生有1～2个较大的花蕾,开花节距结果节之间有3枚充分平展的叶片,节间长4～5厘米,叶片尖端呈长三角形。

2. **徒长型植株**　开花节位(含侧枝)距顶端超过15厘米,枝条竖直,节间较长,次级分枝粗,花小而素质差。

光照不足,夜温偏高,氮肥和水分充足,会使植株徒长。

氮肥施用过量时,植株顶部幼叶出现凹凸不平现象,叶片皱缩,向内卷(蚜螨类害虫危害也会出现类似症状),植株中部叶中肋突出,形成盖状,再往下叶片出现扭曲。

3. **生长受抑制植株**　节间短,节部有弯曲,次级分枝小而短,开花节位距顶端2～3厘米或花压顶,花器小,短柱花增多,叶片小,色发暗,落花多。这种现象除因结果过多外,夜温低,特别是地温低,土壤缺墒,空气干燥,施用氮肥少,也是导致因素。

4. **辣(甜)椒营养不良的植株形态表现**

(1)缺氮

1)症状识别　缺氮时,植株生长发育不良,瘦小,叶片由深绿变为淡绿到黄绿,叶柄和叶基部变为红色,特别是下部叶片变黄。

2）防治　出现缺氮症状时，在根部随水追速效氮肥，同时在叶面喷洒含氮叶面肥，如尿素 300 ～ 500 倍液。

（2）缺磷

1）症状识别　缺磷时，叶片呈暗绿，并有褐斑，老叶变褐色，叶片薄，下部叶片的叶脉发红。

2）防治方法　根部追施速效磷肥 + 叶面喷洒 0.2% 磷酸二氢钾溶液。

（3）缺钾

1）症状识别　缺钾时，植株叶片尖端变黄，有较大的不规则斑点，叶尖和边缘坏死干枯，叶片小，卷曲，节间变短。有的品种叶缘与叶脉间有斑纹，叶片皱缩。

2）防治方法　根部追施速效钾肥，叶面喷施 0.2% 磷酸二氢钾溶液，或 10% 草木灰浸提液。

（4）缺钙

1）症状识别

■☞植株表现。植株生长点畸形或坏死，停止生长或萎缩。

■☞果实表现。主要是脐腐，因此又称其为脐腐病。在高温干旱时易发生，水分供应失常或生理性缺钙（含钙量在 0.2% 以下）是其发生的主要原因。此外，氮肥过多，营养生长过旺，果实不能及时补充钙时也会发生。被害果实于花器残余部及其附近，初现暗绿色水浸状斑点，后迅速扩大，直径 2 ～ 3 厘米，有时可扩大到半个果实。病部组织皱缩，表面凹陷，常伴随弱寄生菌侵染而呈黑褐色或黑色，内部果肉也变黑，但仍较坚实，如被软腐细菌侵染引起软腐。

2）防治办法　栽培时采用地膜覆盖可保持土壤水分相对稳定，并能减少土壤中钙质养分的淋失。

栽培中要适时浇水，特别是在结果后要及时均匀浇水，防止高温危害。

根外施肥，补充钙质。可叶面喷施 0.1% 氯化钙，或 0.1% 硝酸钙等，每隔 5 ～ 10 天喷施 1 次，连续防治 2 ～ 3 次。

（5）缺铁

1）症状识别　叶片黄化、白化，且首先在嫩叶上出现。土壤酸碱度不合适，常是造成缺铁的间接原因，在碱性土壤中溶解态的铁较少，只有在酸性土壤中才有较多的可溶性铁。

2）防治方法　用 0.02% ～ 0.1% 硫酸亚铁溶液叶面喷施，7 天 1 次，连喷 2 ～ 3 次可见效。

（6）缺硼

1）症状识别　缺硼时，植株生长点畸形或坏死，停止生长或萎缩，"花而不实"。

2）防治方法　叶面喷施硼砂 400 倍液，每次间隔 7 ～ 10 天，连喷 2 ～ 3 次可见效。

（7）缺镁

1）症状识别　叶片呈灰绿色，叶脉间黄化，基部叶片脱离，植株矮小，坐果少。

2）防治方法　在植株两侧根部追施钙、镁、磷肥，同时叶面喷施 1% ～ 2% 硫酸镁溶液,7 天 1 次,连喷 2~3 次可见效。

5. 环境条件不适的植株形态表现

（1）水分不适

1）症状识别　当水分供应不足时,叶片暗绿、无光泽,叶片狭小,叶脉弯曲,叶柄弯曲,叶片下垂。当水分过多时,整个叶片下垂,是根系吸收能力弱的表现,大多是土壤湿度过大致使根系缺氧,或根系受伤（如施肥过多或根系病害）吸水能力差引起的生理性缺水。

2）防治方法　水分供应不足时,应及时补水,露地栽培选阴天或晴天的 17 时以后进行浇水,温室（棚）宜选晴天的 10 时以前。土壤湿度过大,或发现积水,应及时排掉,并及时通风排湿。

（2）温度不适

1）症状识别　高温时,表现为叶柄长;低温时,表现为叶柄短,叶片下垂。

2）防治方法　发生高温障碍时,棚室栽培注意浇水,遮阴和放风降温,露地栽培要合理密植;或与玉米等高秆作物间作;有条件者,在夏季的高温强光季节,利用遮阳网覆盖栽培。外界气温较低时,应注意通过加盖草苫等措施加强保温或临时加温。

（3）光照不适（日灼病）

1）症状识别　日灼是强光照射果实引起的生理性病害。主要发生在果实向阳面上。发病初期果实被太阳晒成灰白色或浅白色革质状,病部表面变薄,组织坏死发硬。后期易受腐生菌侵染,长出灰黑色霉层而腐烂。

2）发病原因　主要是果实局部受热,表皮细胞灼伤引起。叶片遮阴不好、土壤缺水或天气干热过度、雨后暴热,易引发此病。

3）防治方法　选用叶量较大,叶片互相能遮阴的抗日灼品种。合理密植,采用双株定植,使叶片互相遮阴。与玉米等高秆作物间作,减少太阳直射光,避免果实暴露在直射太阳光下。加强田间管理,促进植株生长,在 6 月中旬前封垄。防止"三落"（落叶、落花、落果）,特别避免早期落叶。栽培中要防止植株倒伏,以免果实露出遭受暴晒发生日灼病。采用遮阳网或纱网等覆盖栽培。

6."三落"的发生原因及防治　"三落"是辣（甜）椒在栽培过程中经常出现的现象,一旦发生,很难治愈,对产量和种植效益影响极大。其发生机制是:在叶柄、花柄或果柄的基部,形成一种离层,与着生组织自然分离脱落,而不是机械损伤（机械损伤虽可造成"三落",但这种现象不在本节商讨之列）。造成"三落"既有生理方面的原因,也有病理方面的因素。生理方面的原因有花器官缺陷（雌、雄蕊发育不良等）、开花期的强光、干旱、弱光、多雨、畦面积水、土壤透气性差、低温（14℃以下）、高温（35℃以上）、缺肥、施肥或施药不当、栽培密度不合理、植株徒长、田间郁闭等。病理方面,如辣（甜）椒感染疮痂病、炭疽病、白星病,遭受蚜虫及螨类、蓟马等害虫危害,均可引起大量落叶、落花;遭受菜青虫、棉铃虫等害虫及病毒病等危害时,均可引起大量落花、落果。

48

（1）定植初期落叶的发生原因及防治

1）原因

☞移栽时苗龄较大。移栽后3～10天叶片逐渐脱落，几乎成为光秆。育苗移栽时没有采取护根措施或措施不妥当，致使伤根过多过重。

☞苗床地离大田较远。幼苗出圃后较长时间没栽上，引起根系风干失水或叶片失水萎蔫。

☞环境不适。炼苗不好，定植时温度不适，影响根系生长，缓苗时间长。

2）防治

☞培育适龄壮苗，采用营养钵、袋或穴盘育苗技术，并做到轻拿、轻放，尽量避免移栽时伤根。尽量在田间地头育苗，并做到随起苗、随定植。定植起苗前1～2天给苗床浇水、施肥、喷药，并给叶片施肥，增加叶片内含物，提高其抗逆性能。

☞在移栽前7～10天，搞好幼苗锻炼，让幼苗在移栽前的苗床环境接近大田自然环境条件时再定植。

☞春茬辣（甜）椒一定要等到地温高于14℃和当地晚霜过后，选择晴好天气的上午进行定植，"宁等雨后，不抢雨前"。并注意浇水量不能过大，有条件的一定要覆盖地膜。夏茬辣（甜）椒尽量选阴天或晴天的17时以后进行定植，"争抢雨前，莫等雨后"，并注意浇足水，有条件一定要用作物秸秆或杂草等覆盖物盖田降低地温。

☞定植前1～2天叶面喷洒0.2%尿素+0.3%磷酸二氢钾+6 000倍萘乙酸水溶液，提高幼苗体内营养物质和激素物质含量，增强株体抗性，促使其移栽后早发根、快缓苗。

（2）结果期"三落"的发生原因及防治

1）原因

☞土壤湿度过大。辣（甜）椒根系生长的土壤是由空气、水分、固体颗粒三大成分组成的，一般情况下，固体颗粒成分相对稳定，但水分和空气经常处于一种动态平衡之中，土壤中水分多、空气少。在连续阴雨和一次灌水量过大的情况下，土壤处于饱和状态，空气被水分排挤出土壤，或降水、灌水后土壤表面板结时，土壤透气性变差，导致辣（甜）椒根系缺氧死亡后，地上部得不到根系提供的营养物质而造成大量的落叶、落花、落果。

☞用药不当。辣（甜）椒对杀虫剂辛硫磷、氧乐果、三氯杀螨醇等敏感，即使按说明书使用时，害虫杀不死，辣（甜）椒就会中毒引起落叶、落花。

辣（甜）椒对多种除草剂也特别敏感，在栽培夏茬辣（甜）椒时，上茬小麦田施用75%苯磺隆水分散粒剂亩用量超过1.5克时，就可引起辣（甜）椒栽后落叶和生长不正常。另外，在离辣（甜）椒田200米内的上风口施玉米田除草剂乙·莠水剂等时，就会对辣（甜）椒产生飘移毒害。给辣（甜）椒喷药时，用喷过乙草胺类除草剂的药械，清洗不干净，也会引起辣（甜）椒"三落"。

☞干旱缺肥。在辣（甜）椒生长发育过程中，水能调肥，肥能调水，水和肥往往共同作用于辣（甜）椒的生长与发育。辣（甜）椒虽然耐旱，但缺水时往往会引起缺肥,致使植株发生落花、落果。

☞ 通风透光不良。植株长势郁郁葱葱,叶色嫩绿发光,只见花蕾开花不见坐果,多是植株徒长、田间郁闭所造成。

☞ 温度不适。棚室栽培的辣(甜)椒,在 11 月至翌年 3 月,露地栽培的辣(甜)椒,在 7 ~ 8 月,辣(甜)椒只见开花不见坐果,是温度低于 14℃ 或超过 35℃、花粉败育不能受精而引起的。

2)防治

☞ 地面覆盖。覆盖地膜或作物秸秆,防止辣(甜)椒根际土壤忽干忽湿。合理适量浇水,雨后立即排除田间积水,及时中耕松土,防止土壤板结。在多雨地区采取高垄栽培,并做到沟厢配套,保证遇旱能浇,遇涝能排。

☞ 合理施药。防病、治虫、除草时,选用洁净药械,慎重选择农药品种,严格操作规程,准确配对农药浓度、用量,掌握最佳施药时间与施药方法,尽量避免药害的发生。

☞ 及时浇水追肥。有水浇条件者,发生缺水和缺肥现象前,未造成落花、落果时,及时浇水追肥。无水浇条件者出现缺水和缺肥时,及时中耕保墒,充分发挥"锄头有水有肥"的作用。缺水特别严重时,要叶面喷洒清水或叶面宝、磷酸二氢钾、尿素等速效性化肥,及时为植株补充水分和营养。

☞ 科学化调。发现有徒长现象时,及时用33% 多效唑可湿性粉剂 3 000 倍液、40% 助壮素水剂 2 000 倍液、20% 矮壮素水剂 6 000 倍液、萘乙酸 6 000 倍液等植物生长调节剂进行化学调控,促进辣(甜)椒单性结实。对已经造成田间郁闭的田块,剪除一部分枝条,以保持株间通风透光。严禁采取深中耕损伤根系的办法,因为辣(甜)椒根系易木栓化,而且根系生长较弱,根系损伤后,虽然能较好地控制徒长,但对产量影响很大。

此外,营养不良、机械挂伤、病虫害等均可造成辣(甜)椒"三落",请对症治疗。

7. 辣(甜)椒周期性结果的原因与防治　辣(甜)椒属于无限分枝型,当植株顶端现蕾后开始分枝,以后每隔一片叶分枝 1 次,分枝的叶节可达 20 ~ 25 个。由于枝叶多,结果也多,并且不断结果,陆续采收,常造成果实的整齐度较差,采收的均衡性很差。这种现象在辣(甜)椒生产上普遍存在,称为结果的周期性。

(1)原因　辣(甜)椒进入结果期以后,植株上着生果实数量增加,这些在植株上不断膨大的果实,可视为植株的结果负担量。正在膨大的果实,有优先占有同化产物的特性。因此,当植株结果负担增加时,新分化和发育起来的花芽表现不良,坐果率下降。及至结果负担量达到最大时,坐果率也变得最低。唯一的途径是培养素质良好的花,特别是单株结果负担量的增加和减少是关键的一环。单株结果负担量的大小,决定着花素质量的好坏,花素质量的好坏又决定着下一轮单株结果负担量的大小,这样就形成了结果的周期性波动。这个周期性波动,大体是一个月出现 1 次。结果负担量的波峰和波谷恰好与坐果率的波峰和波谷相反;开花的波峰和波谷比结果负担量的波峰和波谷稍提早一些,是在结果负担量达到最大之前变成最大,之后变成最小。

（2）防治 防治辣（甜）椒结果周期性,首先要协调营养生长和生殖生长的关系,调节好温度、光照、空气湿度和肥水条件,科学进行植株调整。

在栽培技术措施上,光照强度和氮肥的浓度对结果的周期性影响很大。氮肥浓度大,日照不良时,波峰(结果高峰)显著降低,和波谷(结果低峰)的高差也很小。而且从坐果周期波相来看,比光照条件好、氮浓度适当的波相,无论是波峰和波谷都要低。在这两个影响因素中,光照不良比氮浓度过高的影响度要更大些。

结果期发现植株上有向内伸长的较弱副枝,应早摘除,在主枝上的次一级侧枝所结的幼果,直径达到 1 厘米以上时,在果前留4～6 片叶摘心,可起到减弱顶端优势、把养分集中到果实上的作用,避免幼果因营养不良而脱落。

第三章　茄子设施栽培技术

第一节　塑料小棚与塑料中棚栽培技术

　　塑料大棚、塑料中棚、塑料小棚,在生产上多是以高度和跨度的大小为标准进行区分的。一般来说,大棚高度要在 2 米以上,跨度超过 6 米,人可进入棚内进行正常操作;小棚的高度在 1 米左右,跨度只有 1~2 米,人无法进入棚内进行操作;中棚介于二者之间,人可进入棚内,但不易站立进行操作。

　　塑料小棚与塑料中棚是把塑料薄膜搭在支架上形成的保护设施,一般为拱形,由于其结构简单、体形较小、取材方便、建造容易、造价低廉,所以是目前生产上应用最为广泛的一种塑料棚。

　　塑料小棚与塑料中棚相对于塑料大棚来讲,高度较低、棚内面积较小,适合茄子幼苗在定植前期生长速度较慢、植株较矮小的特性。同时塑料小棚与塑料中棚覆盖草苫等覆盖物较塑料大棚方便。因此,利用塑料小棚与塑料中棚进行茄子早熟栽培,较为普遍。

一、品种选择

　　塑料小棚与塑料中棚春季早熟栽培就是要利用棚室的保温性能,提早定植,使产品提早上市,以取得好的经济效益。塑料小棚与塑料中棚的保温性较差,在选择茄子品种时要选择具有耐低温性能、早熟、果实发育速度快的茄子品种,如进行越夏延秋栽培,所选品种还要具有一定的耐高温性能。

二、适期播种

　　春季早熟栽培在当前"季节差价"较悬殊,提前上市就意味着可获取更大效益的情况下,黄河中下游地区,茄子进行塑料小拱棚与塑料中拱棚栽培的定植期由原来的3 月上中旬提前到 2 月下旬,根据所用育苗设施的不同,向前推算播种期,一般加温育苗苗龄掌握在 70 天,即在 12 月上旬播种;改良阳畦育苗苗龄掌握在 120 天,要在11 月上旬播种。

三、定植

　　1. 定植前的准备　茄子为喜温作物,一般定植时棚内的气温不能低于 8℃,地温要在 12℃以上,并且要有 7 天以上的稳定时间。根据这一要求,在提前施肥整地的基础上,还要在定植前 15~30 天扣好棚膜。单层棚膜的升温、保温性能有限,最好用多层覆盖。一般采取在垄上覆盖地膜,提升地温,中拱棚内加套小拱棚,在两层棚上都覆盖草苫,实现双膜双苫覆盖。

2. **定植时期** 确定塑料小拱棚与塑料中拱棚春早熟栽培适宜定植期的原则是:要确保棚内 10 厘米地温已稳定在 12℃ 以上,且夜间最低气温稳定在 8℃ 以上,即使遇到特殊天气夜间的气温也应在 5℃ 以上。一般我国华北地区在 3 月下旬即可定植,长江流域可在 2 月下旬至 3 月上旬定植,东北及西北高寒地区一般在 4 月上中旬定植,有多层覆盖条件者,可适当提前。

3. **定植密度** 塑料小拱棚与塑料中拱棚的定植密度要求是:选用早熟品种行距 50 厘米 ×70 厘米,株距 25 厘米,亩定植 4 400 株左右;选用中晚熟品种的嫁接苗,亩定植 2 000 株左右。

4. **定植方法** 本茬茄子定植时温度过低,不宜在定植后再浇定植水,一般在定植前先浇 1 次大水,使土壤拥有足够的水分,而后在定植时采用“带土浆栽植”,即在定植时先按株距挖好定植穴,而后在穴内浇足水,再把带土坨苗按进其中,要保证土坨能够被水浸透,以免影响发根和植株生长,而后封好土即可。封土时一定注意要把地膜口封好,以免地膜下热气烧苗。

温馨提示

定植时要注意收听天气预报,选择晴好天气定植,同时还要保证在定植后几天是晴天,以便能够快速缓苗。

四、定植后的管理

1. **温度管理** 茄子在 0 ~1℃ 时即受冻害,7 ~8℃ 时幼苗新陈代谢紊乱,导致植株停止生长,低于 13℃ 时生长停止,17℃ 以下容易落花,当温度降至 -2 ~ -1℃ 时,植株会被冻死。但在花芽发育及受精时期易受高温危害,温度在 35 ~40℃ 时,茎叶虽不会出现明显的生理障碍,但容易出现畸形果。若气温高达 45℃ 以上时,几小时即可使茎叶发生日灼,叶脉间叶肉坏死,部分茎坏死,导致植株因高温而死亡。

定植至缓苗期间,为了保持棚内高温、高湿的环境,要严扣塑料薄膜,白天棚内气温不超过 38℃ 不放风,晚上盖双苫,草苫上再盖保温、防风、防水塑料膜。这样经 3 ~7 天,心叶开始生长,表明已经扎根缓苗。缓苗后白天气温保持 25 ~30℃,夜间 15℃ 左右,地温最低保持 15℃。如低于 15℃ 就应将白天中午的气温提高 2 ~3℃。如遇阴天,光照不足,棚内要保持较低温度,尤其是要相应降低夜间温度,保持一定的温差。如久阴转晴,要防止温度骤然升高造成闪苗。防止闪苗的方法是在拱棚上适当盖几条草苫进行遮阴或在温度 15 ~20℃ 时放风。

开花结果期,若白天温度低于 15℃ 或高于 35℃ 时,就会影响受精,造成果实发育不良。一般来说,结果期白天温度控制在 25 ~30℃,夜间温度控制在 18 ~20℃,地温在 18～20℃ 最为适宜。若夜温高,则同化物质送往生长部位的量变少,不但影响果实膨大,还将出现植株营养不良的症状,导致减产。

随着外界温度的提升,要逐渐加大放风量,直至昼夜通风。4月下旬至5月上旬,外界最低温度高于13℃时,可撤去夜间的不透明保温覆盖物,逐渐加大放风量,直至撤去棚膜。

2. **光照管理** 茄子属喜光作物,对光照强度和长度要求较高。光饱和点为40 000勒,光补偿点为2 000勒。在自然光照下,日照时间越长,生育越旺盛,花芽分化愈早,花芽质量愈好,开花期愈早,产量愈高。日照时数缩短,生长发育不良,长势弱,花芽分化延迟,短柱花比例增加,导致落花率高,果实发育不良。在适宜的范围内,光照越强,植株发育越壮;光照减弱,光合能力减弱,植株生长弱,产量下降,并且色素难以形成,导致果实着色不良,商品性降低。

在栽培中,茄子群体的光照分布差异较大,一般植株上部的光强是下部光强的数倍。特别在保护地中,由于受棚膜的反射、遮光等影响,光强明显弱于室外,植株上部与下部光强的差异更大。因此,在保护地种植茄子时,要想尽一切办法增加设施的透光率,同时要及时地采取整枝打叶和吊架等植株调整措施。

光照在茄子生长发育的不同阶段起不同的作用。光饱和点为40 000勒的茄子,在果菜类蔬菜中属于光饱和点比较低的一种。一年四季中除4～10月有充足的光照外,其余月份都处于日照射量不足的状态,在11月至翌年3月间的茄子保护地栽培中,采用张挂反光幕的方法来解决光照不足的问题,效果很显著。

茄子的光合作用从日出开始,随着日照的增强,光能合成趋于旺盛,直到日落。60%～70%的光合能量是在上午完成的,所以在光照不足的季节,要在上午加强采光。在实际栽培中,应尽早揭去草苫等不透明覆盖物。

茄子正常的生长发育,需要较好的光照条件。如果光照不足,茄子易发生徒长,花器发育成短柱花,果实畸形或着色差,影响产量和品质。因此,在生产上要从多方面改善设施的光照环境,如选用新的无滴塑料薄膜;经常清扫膜面;雪天及时清扫积雪;在温度允许的情况下,尽量早揭苫、晚盖苫等。后期要适时地撤除塑料薄膜。

3. **水肥管理**

(1)缓苗期 由于定植初期温度较低,所以在浇足定植水的情况下,缓苗前不再进行浇水。如果土壤较干旱,可在缓苗期浇1次小水。

(2)结果期 当门茄开始膨大(瞪眼)时开始浇水施肥,亩施硝酸磷肥25千克 + 茄子冲施肥10千克。对茄开始膨大时,进行第二次浇水追肥,亩追施硝酸钾10～15千克 + 尿素25千克。这2次追肥基本上奠定了中后期产量的基础。以后可看天、看地、看植株长势,每5～7天浇1次水,每隔15天左右追肥1次。进入4月,开始大放风后,可以随水亩追施人、畜、禽粪尿每次0.5米^3,整个生育期亩追施粪尿肥4～6米^3。

　　4. 植株调整　及时打去第一分枝以下的所有侧枝,加大植株下部通风透光力度,避免植株疯长。

　　塑料小棚与塑料中棚茄子整枝原则为三干整枝,连续摘心。由于塑料小棚与塑料中棚的高度有限,这种整枝方法可使茄子植株保持一定的高度,不但不疯秧,不郁闭,而且又能保证前期产量。

　　5. 采摘果实　塑料小棚与塑料中棚由于保温性能较差,一般植株的长势相对较弱,为促进植株生长,门茄要适时早采。其他部位茄子要在商品成熟期适时采收,以免果实品质下降和影响上部果实膨大。

第二节　塑料大棚栽培技术

茄子塑料大棚栽培,由于受塑料大棚本身保温性能的限制,除海南三亚、云南西双版纳等冬暖地区外,我国的大部分地区不能进行越冬栽培。但和露地栽培相比,可以明显地延长茄子的生产时间,而且由于塑料大棚内温度、水分、气体条件可以进行适度的调节和控制,可以人为创造出有利于茄子生长发育的环境条件,产量可以明显地提高。特别是近些年来,随着栽培技术的不断提高,二膜一苫、三膜一苫等多层覆盖技术在生产中应用,使塑料大棚的保温性能进一步增强,种植茄子的经济效益又得到了大幅度的提高。茄子塑料大棚栽培常用的栽培模式主要有塑料大棚春提前栽培和塑料大棚秋延后栽培。

塑料大棚春提前栽培是指利用日光温室等设施进行冬季育苗,利用塑料大棚的保温性能,在1~3月把苗子定植于塑料大棚中,使其一直生长到6~8月进行拉秧的一种高效栽培模式。一般比春露地栽培要提早2~3个月定植和上市,经济效益十分可观。黄淮流域一些有经验的菜农,利用多层覆盖及剪枝再生等多项配套技术,定植期可提早到1月,收获期可延迟至12月。

塑料大棚秋延后栽培是在夏季高温季节进行播种育苗,而后定植于露地,在外界温度下降时,及时扣塑料大棚,或者直接定植在塑料大棚中,一直可以生产到冬季的一种栽培模式。根据外界温度条件以及采用的覆盖措施不同,拉秧时间在9~12月。

一、塑料大棚的栽培利用形式及模式

1. 塑料大棚的栽培利用形式

(1)大棚内套小棚栽培　这种栽培形式适合在无支柱(空心)大棚内进行。如果在有柱棚内进行,一定将畦垄避开支柱,以利于小棚覆盖。

双层覆盖,保温性较好,可比单层棚早定植7~10天。开沟做畦方法前面已叙述。定植后在畦上用小竹竿、竹片、细钢筋造拱,1米造一拱,拱的高度以不压茄子幼苗为原则,因为该拱膜主要在夜间覆盖,所以用地膜、旧棚膜、无纺布均可。与露地覆盖不同的是因大棚内无风,膜边不用压盖土,膜上不用压杆或绳。以上几种覆盖材料以厚无纺布为最好。晴天白天将小拱棚上的覆盖物去掉,晚上再盖上。如果是刚定植不久,白天阴天,温度又特别低,为防止茄子受寒害,可以不去掉覆盖物。

(2)大棚内套地膜覆盖栽培　在大棚内整小高畦进行地膜覆盖,一般能提高地温2~3℃,在阴天情况下地温只能提高0.5℃。小高畦地膜覆盖时不用压膜边。

（3）大棚内加二层膜栽培　在大棚内设拉幕式二层膜,在无支柱棚内使用比较方便,效果也好,可以提高棚温 2～3℃。拉幕式二层膜的设置方法是:在距棚顶 40～45 厘米高度横向扯铁丝或竹竿,每隔 2 米拉一道,然后将二层膜架在铁丝上,再在二层膜的两边(靠棚边和靠中间的边)拴上绳,以便拉膜。太阳落山时将二层膜拉合,早晨太阳升起时,再将二层膜拉在棚边处,以免影响阳光照射茄子。刚定植不久如遇特冷的阴天,白天也可以不把二层膜拉开,以起保温防寒作用。二层膜一般使用到终霜结束。

（4）大棚内套大拱形棚栽培　大拱形棚建造和大棚一样,但覆膜的种类可多种多样,如旧棚膜、新棚膜、无纺布均可。同时,这些覆盖物的边不用压,膜上也不用压铁丝或压膜线,因为一是该层棚膜白天撤,晚上盖;二是大棚内风速很小,不会吹翻或吹坏膜。

（5）多层覆盖栽培　是一种节能有效的栽培措施,在气候严寒、昼夜温差大、天气情况变化骤烈的北方地区,更有其实用价值。

多层覆盖的方式很多,如前面讲到的在大棚内加设二层膜,大棚加小棚,大棚加大拱形棚,大棚加地膜覆盖及外加草苫、棉被等覆盖物,都是多层覆盖。

多层覆盖主要是以保温来实现其早熟栽培。据试验,在晴天大棚的保温效果一般为 5℃,只要外界气温不低于 -5℃,大棚内气温就不会降至 0℃ 以下;二层膜的保温效果为 2～2.5℃;大拱形棚的保温效果一般为 3℃;小棚(微棚)为 1.5～2℃。大棚加二层膜,加大拱形棚,加小棚四层覆盖温度可提高 11.5～12.5℃。根据以上试验数据,只要外界气温最低稳定在 -8℃ 以上,采用大棚四层覆盖栽培茄子即可定植。再加上地膜覆盖,土壤温度也有了保证。

但是,我们在应用大棚覆盖栽培技术时,一定要注意以下这种特殊天气:有连续 7～10 天雨雪天气,白天突然变得阴冷,夜间转晴,当出现这种天气时,棚内往往出现"温度逆转"现象,即棚内温度还没有棚外高的现象,因此必须采取防范措施,如在大拱形棚内加小棚,并且早盖(15 时盖)、盖严,夜间在大棚内熏烟或点蜡,大棚四周围裙苫,以防止冻害发生。

2. 塑料大棚的栽培模式　塑料大棚是具有较大空间的保护设施,它建造简单,可大可小。由于其用于保温覆盖的材料多采用塑料薄膜,这些材料造价低,建造拆装方便。在淮河以南及长江流域,大棚内可进行冬春育苗;在长江两岸、华北、东北、西北及高寒山区,可以提前或延后进行茄子生产;在长江以南及两广地区,上覆遮阳网,可进行越夏茄子栽培;在海南三亚、云南西双版纳地区,可进行越冬茄子生产。是茄子栽培中发展最快的保护地生产方式。

二、塑料大棚春提前栽培技术

1. 对设施的要求　本茬茄子在定植时,外界温度还很低,为了保证茄子正常的生长,要求塑料大棚具有较强的透光与保温性能及抗风雪能力。

（1）棚址　大棚要建在背风向阳、交通便利的地方,以南北向为好;或在大棚的迎风一侧设立风障挡风。

（2）性能　采光性能好，光照分布均匀，白天升温快，夜间保温好，保持一定大小的内部空间，管理方便，大棚的通风口设置要合理，要求顶部通风口和中部通风口的位置适中，并易于开放和关闭。一般塑料大棚宽度为 8～14 米，长度为 50～80 米，脊高为 2～2.5 米，边高 1 米以上，结构合理，坚实牢固，具备一定的抗风雪能力。一般来讲，大棚内的立柱数量越少，棚内的光照分布越均匀，越有利于茄子的生长，但大棚的立柱数量减少、结构变简单后，棚架的牢固程度也随之下降，抗风雪能力也随之降低。大棚的规格越大，保温性能越好，但棚内中间部位的光照变弱，不利于茄子生长。具体选择时，冬春季节风多风大的地区，应选用骨架结构牢固的多立柱大棚以及钢架大棚；冬春季节风少风小的地区，应选用立柱较少的大棚或空心大棚；冬春季节温度偏低地区，应选用双拱大棚或规格较大的大棚；春季温度回升比较快，温度偏高的地区可选用普通的单拱大棚或高度低一些的大棚，以增加大棚内的光照，满足茄子生长对光照的要求。

（3）覆盖物　覆盖的塑料薄膜应为透光性能好的无滴膜或半无滴膜，其中以乙烯－醋酸乙烯多功能转光膜为好。聚乙烯薄膜易产生水滴，透光性不好；聚氯乙烯多功能复合膜费用高，会增加大棚茄子的生产成本。

（4）特别提示　我国由南到北，温度逐渐变低，保温问题越来越突出，而由北向南通风降温的需求越来越大，所以大棚的面积大小由南向北有逐渐增大的趋势。近几年河南周口、河北永年等地，参照国外大棚建造及生产经验，结合本地实际情况，自行研究出一种占地 3 500～10 000 米^2 的竹木结构的连栋大棚，发展很快。

2. **品种选择**　塑料大棚春提前栽培的目的是利用塑料大棚的保温性能，提早定植，进而使产品提早上市，取得好的经济效益。为保证早成熟、早上市，所选品种要具有早熟、果实发育速度快等特点。而此茬栽培如果在 7 月不拉秧，进行越夏连秋栽培，茄子品种还应具有一定的耐高温性能。

3. **适期播种**

塑料大棚茄子春提前栽培，单层覆盖定植期一般比露地春茬茄子要早 20～30 天，此时是外界温度最低、光照最弱的时候，因此必须要在保温条件较好的温室内进行育苗。各地区大棚茄子栽培季节，因地理纬度不同而异，详见表 3－1。

4. **定植前的准备**

（1）腾茬　前茬种植有耐寒性蔬菜的，要在茄子定植前 10 天左右及时腾茬，并清洁田园。

（2）提前扣膜　此茬茄子定植时，外界温度还很低，为了使棚室内温度提高，特别是棚室内地温提高，以便茄子幼苗定植后快速缓苗，新建大棚要提前 20～30 天扣严棚膜。

表 3 – 1 中国各地茄子单层覆盖大棚四季栽培的茬口与生长季节

地点	茬口	播种期（旬/月）	定植期（旬/月）	收获期（旬/月）
哈尔滨	春茬	上/2	中/4	上/5～中/7
长春	春茬	上/2	中/4	上/5～中/7
沈阳	春茬	下/1	上/4	下/4～上/7
	秋茬	上/7		下/8～下/10
乌鲁木齐	春茬	中/2	上/4	上/5～下/7
	秋茬	下/6		上/8～下/9
西宁	春茬	中下/2或上/3	中下/4	中/5～下/8
兰州	春茬	中下/6	上/4	上/5～下/7
	秋茬	下/7		上/9～下/10
银川	春茬	中下/6	上/4	上/5～下/7
	秋茬	下/7		上/9～下/10
呼和浩特	春茬	上/2	中/4	上/5～下/7
太原	春茬	下/2	上/4	上/5～上/7
北京	春茬	下/1	上/3	中/4～中/7
	秋茬	中/7		中/9～上/11
天津	春茬	中/1	下/3	下/4～中/7
	秋茬	中/7		上/9～上/11
石家庄	春茬	中下/1	下/3	下/4～中/7
	秋茬	下/7		中/9～上/11
西安	春茬	上/1	下/3	下/4～中/7
	秋茬	下/7		上/9～上/10
郑州	春茬	中下/1	下/3	下/4～下/6
	秋茬	中下/7		中/9～上/11
济南	春茬	中/1	下/3	下/4～上/7
	秋茬	下/7		中/9～上/11
长江中下游	春茬	上中/1	上/3	中/4～中/6
	秋茬	下/8		上/10～下/11

（3）棚室消毒 旧棚室定植前要进行一次熏蒸消毒。消毒方法是：每 100
米³ 空间用硫黄粉 0.15 千克，掺拌锯末 1 千克、90% 敌百虫晶体 0.05 千克，分
放数处，放在铁片上点燃后密闭棚室熏 3 昼夜，再打开风口放风，以消灭棚室内
潜伏的害虫和病菌。

5. 定植

（1）定植时期 塑料大棚春提前栽培定植期的确定要根据当地的气候条件、塑
料大棚的保温性能以及覆盖的层数来确定。总的原则是：当塑料大棚内连续 7 天气
温不低于 8℃，10 厘米地温不低于 12℃时才可定植。一般情况下，每增加一层覆盖
材料，可以提高棚内温度 2～3℃，可以比单层棚膜提前定植 7～10 天，如郑州地区，

60

使用单层塑料薄膜覆盖的塑料大棚，可以在3月下旬至4月上旬定植，如加扣小拱棚，在3月上中旬就可定植。东北地区的定植时间要相应延晚10~15天。华东及华中地区可相应提早10~15天。

（2）定植密度　为了获得早期的高产、高效益，宜适当加大定植密度，一般按行距(33~50)厘米×(45~70)厘米，株距40厘米双行定植，亩栽苗3 000~4 000株。

6. 定植后的管理

（1）缓苗期管理　此茬茄子定植时，外界气温较低，管理上主要是加强防寒保温工作。秧苗定植后，设法保持棚温不低于15℃，必要时，要在大棚内加盖小拱棚或张挂二层膜，夜间在大棚四周围盖草苫，以尽可能地提高大棚内温度。同时棚室要密闭保温，不超过35℃不放风，以促进茄子快速生根缓苗。缓苗期间夜间温度要保持在15~20℃，不能低于12℃。定植后1~2天要选择晴好天气浇1次缓苗水。

（2）温度管理　当茄子植株缓苗后，宜及时做好放风排湿工作，以减少病害的发生，但一般只能在中午外界温度较高时扒小口进行，以保证棚室内温度不降低。此期如遇外界恶劣天气，要在棚室内采取一定的加温措施。随着外界温度的回升，要逐渐加大放风量，特别是中午外界温度较高时，一定要避免棚室内温度过高。当外界的夜温稳定在15℃以上时，可昼夜通风。当外界夜温在20℃以上时，可逐渐去掉棚膜。

（3）光照管理　棚室内光照较弱，光照管理的重点是如何尽可能多地提高棚室内的光照强度及延长光照时间。

1）适时收起拱棚膜或二层膜　前面已经介绍，每多一层塑料薄膜，光照强度就要下降一半，如此在茄子生长初期，由于外界温度较低，需要加盖小拱棚或张挂二层膜保温时，白天要把这些膜拢起，以增加棚室内的光照强度。

2）尽量使用新的无滴(流滴)长寿塑料薄膜　新无滴塑料薄膜的透光率比旧塑料薄膜在透光率上要高许多，因此在使用塑料薄膜时，特别是棚面膜，最好使用新的，以增加透光率。

3）清洁棚膜　每天用干净的拖布清洁棚膜表面，以清除草屑、灰尘等杂质，尽可能地增加塑料薄膜的透光性。

4）草苫等不透光保温覆盖物要早揭晚盖　在外界温度较低，需要加盖草苫进行保温时，在温度许可的范围内，草苫等不透光覆盖物尽可能地早揭晚盖。

5）整枝、打老叶、吊秧　门茄采收后，如棚内株间出现郁闭现象，要进行整枝打老叶；对茄坐果后，要及时吊秧。这样做不但利于通风透光，而且还能减少病害的发生。

（4）水肥管理　缓苗水浇过之后，在门茄瞪眼之前不再浇水。门茄瞪眼之后，植株生长发育由营养生长阶段过渡到了营养生长同生殖生长并进阶段，此时养分分配中心发生了明显的变化，是水肥管理的最佳时期，过早追肥浇水，易引发植株徒长，影响开花坐果。门茄瞪眼后亩按穴追施硝酸磷肥30千克＋硫酸钾7.5千克，结合施肥进行浇水。为控制室内湿度，最好实行膜下浇水，此时的浇水量不宜过大。随着外界气温回升，植株也渐渐进入结果盛期，要加大水肥的供应力度,一般每7天左右浇水1次,每采摘一层果随水冲施三元素复合肥30千克,至"八面风"(第四层)果坐果以后,外界气温升高,已昼夜通风,不再追施磷、钾肥,每隔15～20天,随水追肥尿素20～30千克或碳酸氢铵40～50千克。

(5)保花保果　在植株生长的前期,外界温度较低,为保证坐果,要用2,4-D 20～40毫升/升进行蘸花处理。

(6)植株调整　要及时去除第一分枝以下萌发的营养枝,促进植株多扎根,并早日形成丰产株型。在棚室内通风透光不良,会引发病害的发生,同时还会使植株旺长,影响产量,所以一般要对茄子植株进行整枝。

一般进行双干整枝,即保留门茄下第一侧枝,形成双干,其他侧枝除掉并及时吊秧上架。后期根据拉秧时间摘除上部花果,以促进下部茄子果实膨大。

(7)适时采收　对于门茄,要根据植株生长势确定早采或晚采。如果长势过旺,要适当晚采,以抑制植株生长;如果长势较弱,要早采,促进植株生长。一般情况下,门茄要适当早采,以促进上部茄子的膨大。

7. 再生栽培　此茬茄子一般的拉秧时间在7月,如果进行再生栽培,可以把采收时间延长到10月底,如进行多层覆盖,可以延长到12月。

三、塑料大棚秋延后栽培技术

我国长江中下游及华北地区,秋末气温下降快,秋延后栽培茄子时,适于生长的时间较短,茄子产量较低,冬前(霜前)不能完全收获,必须加覆盖保护生长,所以利用塑料大棚进行延后栽培,可显著延长茄子的供应期,如果结合简易储藏,可供应到元旦和春节,栽培效益较高。

在栽培上有些技术与春季和夏季栽培相同,这里只介绍不相同的关键技术。

1. 对设施的要求　茄子塑料大棚秋延后生产,对大棚的要求与大棚茄子春提前栽培大致相同,不同之处在于秋延后大棚生产可选择东西棚向(即南北延长),因东西棚向一天当中棚内各处获得的光照量差异较小,光照分布和温度较为均匀,有利于茄子整齐生长。前期采用遮阳网降温,后期依靠太阳辐射增温及塑料薄膜保温。

2. 品种选择　秋延后就是在秋末冬初延迟茄子生长时间,在露地茄子拉秧之后上市,填补秋末冬初的市场空白,以获取较好的经济效益。此茬茄子生长周期短,为使产量最大化,要在夏季高温多雨季节进行育苗,因此选用的茄子品种生育前期要具有耐高温、抗病性强的特性。后期外界温度降低,为使茄子在大棚内生长良好,又要选择耐低温弱光的茄子品种。

3. 适期播种　播种早,露地茄子市场供应充足,售价低;播种晚,产量低。为保证此茬茄子生产一定的产量,获得较好的经济效益,播种期掌握在7月中旬为宜,这样做门茄在露地茄上市后期供应,对茄的上市期正赶上露地茄子拉秧时,市场售价较高。

4. 施肥整地　此茬茄子生育期短,总产量不高,加上正值高温季节,土壤微生物活动强烈,基肥可以适当少施。一般地力田块,结合整地亩施农家肥2 000～

3 000 千克、三元素复合肥 30～50 千克,即可满足亩产万斤茄子对基肥的需求。

5. 定植

(1)定植时期 茄子塑料大棚秋延后栽培由于生育期短,为了尽可能地获得高产,要尽量提早定植,一般苗龄在 30 天左右即可定植。此茬茄子的定植时间一般在 8 月中下旬。

(2)定植密度 一般早熟品种株行距为 50 厘米×70 厘米;中熟品种株行距为(40～50)厘米×(70～80)厘米。

(3)定植方法 本茬茄子定植时正处在高温季节,为防止高温、强光造成秧苗萎蔫,一般选择阴天或晴天傍晚进行。定植时按照适宜的株行距,边栽苗边浇水,定植完成后,随即浇大水,为防止茄苗萎蔫,该茬茄子定植时不覆盖地膜。

6. 定植后扣棚前的管理

(1)缓苗期管理 此茬茄子栽培定植时还处在炎热的夏季,水分蒸发量大,定植后要随时观察定植田土壤墒情,适时浇水,浇水时间以早晨或傍晚为好,严禁中午高温时浇水,否则将诱发沤根或青枯病,造成死苗。浇水后要及时进行中耕,如遇大雨天气,要防止田间积水,以促进茄子快速发根缓苗。

(2)水肥管理 缓苗后到开花前,由于外界温度较高,要根据土壤墒情,适时浇水,浇水后要及时进行中耕,控上促下。如遇大雨天气,要及时排水。门茄瞪眼之后,要及时进行浇水、施肥,以促进茄子果实的膨大,一般亩用硫酸钾 7.5 千克＋磷酸二铵 15 千克随水冲施。对茄坐果后,亩追尿素 20 千克,并结合进行叶面追肥。以后每隔 7 天左右浇 1 次水,15 天左右追 1 次肥。

(3)温度管理 对于直接定植在棚内的茄子,定植时外界温度在 17℃以上时,要掀开四周塑料薄膜通风。有条件者在定植初期至缓苗前,在棚膜上覆盖遮阳网降温。

(4)其他管理 参照本书本章第二节"二、塑料大棚春提前栽培技术"的有关内容进行。

7. 扣棚后的管理

(1)适时扣棚 要根据外界温度变化情况,确定扣棚时间,一般夜温低于 20℃时,就要扣棚。初期扣棚时只扣棚顶,随着外界气温的不断下降,大棚四周的裙膜夜间扣上,白天揭开。当夜温降到 15℃以下,夜间要扣严棚膜,白天要注意通风,随着温度的不断下降,逐步减小通风口并减少通风时间。大棚扣上后,要适时铺设地膜,以增加地温,防除草害及减少土壤水分蒸发,降低棚内湿度。

(2)温光管理 刚扣棚时,白天外界温度还高,此时大棚要放大风,随着外界温度的下降,放风口要逐渐缩小,以保证室内有足够的温度。当外界夜温低于 15℃时,晚上要扣严塑料薄膜。进入 11 月后,随着外界气温的逐渐下降,为保证棚内温度,要减少放风时间和调整通风口大小。当棚内温度低于 13℃时,要在棚室内张挂二层膜,大棚四周要围盖草苫进行保温。但草苫要早揭晚盖,白天二层膜要拉起,以保证棚室内有充足的光照。

(3)水肥管理 扣棚后植株仍可在适宜的环境条件下生长发育,对水肥的需求仍然很大,但浇水后,要及时放风排湿,以减少病害的发生。此时为了降低棚内湿度,可在行间覆盖地膜或作物秸秆。在生长的后期,要根据植株的长势,适时停止水肥供应。

(4)整枝打叶　整枝打叶根据植株的长势决定,在扣棚前就可进行。此茬茄子栽培多采用双干整枝,这样有利于后期群体受光。后期要及时进行摘心,并去除上部的多余花果,以保证植株有充足的营养向其他果实转移。

在生长过程中及时摘掉病叶、老叶,可起到通风、透光、防病、防烂果的作用,尤其到了后期,结果位置升高,下部的老叶要及时摘除。

(5)适时采收　根据植株长势,适时采收门茄。其他茄子按商品成熟度适时采收。后期,要根据天气状况及棚室的保温性能适时收获,以免温度过低,导致果实发生冻害。

第三节　日光温室栽培技术

一、主要栽培模式

1. 越冬一大茬栽培　在7月下旬至8月上中旬进行播种育苗,9月下旬至10月上中旬定植于日光温室中,直至翌年夏季拉秧的一种栽培模式。

2. 冬春茬栽培　在秋末进行育苗,以利用秋末冬初比较暖和的天气,培育壮苗,在初冬定植于日光温室中,整个冬季和春季都可以进行生产,直到翌年6~7月拉秧的一种栽培模式。

3. 秋冬茬栽培　在夏末利用遮阳网进行播种育苗,初秋定植于日光温室,利用秋季和冬季进行茄子生产,至翌年立春前后拉秧的一种栽培模式。

二、日光温室越冬一大茬栽培技术

1. 对设施的要求　由于茄子日光温室越冬一大茬栽培要在日光温室中度过严寒冬季,所以对设施要求比较严格。一般要求日光温室要具有良好的保温和采光性能。

2. 品种选择　选择前期具有耐低温、弱光、高湿性能和长势强壮、结果性好、膨果快,后期能保持良好的结果性能和抗病性强的茄子品种。

3. 适期播种　进行茄子栽培,重视产量,更应重视经济效益。进行茄子日光温室越冬一大茬栽培时,其产品要在露地茄子拉秧后的生产淡季供应市场,特别是要保证元旦、春节两大重要节日的市场供应,从而获得最大的经济效益。如果播种定植过早,尽管产品可以提前上市,但市场价格低,经济效益差,而且由于播种定植过早,往往会导致生长后期植株长势衰弱,影响总体产量;播种定植过晚,尽管保证了植株的后期长势,但是会错过元旦、春节前后的市场高价时期,造成总体经济效益下降。根据生产经验:该茬茄子适宜的播种期在黄河中下游为8月中旬,黄河以北地区往前顺延,黄河以南地区往后顺延。

4. 定植前的准备

(1)新建温室 新建温室必须在9月上旬完工,以利施肥、整地、做垄等,为定植做准备。

(2)旧温室 对于旧温室,前茬作物应尽早倒茬腾地,腾地后清除残株杂草。有条件的可多次翻地及开沟晒土,以提高土温。在定植前7天要对温室进行一次熏蒸消毒。消毒方法请参考本章第二节相关内容。

(3)施肥整地 由于嫁接茄子根系发达,吸肥力强,同时该茬茄子生长期长,产量高,因此应施足有机肥。一般亩施农家肥15 000~20 000千克,化肥亩施用量为碳酸氢铵100千克,过磷酸钙100千克,钙镁磷肥100千克,硫酸钾15千克,镁、硼、锌肥各2千克,深翻入土壤中。

整地时按南北向,做成宽行70~80厘米,窄行50厘米的瓦垄畦,以便以后进行膜下浇水。

5. 定植

(1)定植时间 当80%的苗子现大蕾时进行定植。定植时选择阴天或晴天的下午为好,以利缓苗,并促使植株以后健壮生长。

(2)定植密度 定植时的密度要依据茄子品种熟性早晚,叶片大小,株形松紧等确定。一般株形松散的晚熟品种,双干整枝,亩栽苗2 000株左右;株形紧凑的早熟品种,亩定植4 000株左右。

(3)定植方法 此茬茄子定植时温度较高、光照较强、水分蒸发快,一般采用明水定植,即定植前先按照行距开挖定植沟,然后把茄子苗连同土坨(脱去营养钵)一起按一定株距放入定植沟,封土后在沟内浇大水,以保证茄子秧苗在缓苗期间对水分的需求。

6. 定植后缓苗期的管理 在茄子定植初期,温室要保持高温高湿的环境条件,气温不超过38℃不放风,以促进茄子快速生根缓苗。缓苗后温度保持在上午25~30℃,超过30℃时适当放风;下午20~28℃,低于25℃时闭风,保持20℃以上;夜间15~18℃。

7. 开花结果期的管理

(1)覆盖地膜 茄子缓苗后,立即在适耕期内中耕1次,促进根系下扎。同时修整定植垄,覆盖地膜。

(2)温度管理

1)对茄坐果前 白天25~30℃(促进光合作用),上半夜13~20℃(促进光合产物运转),下半夜10~13℃(抑制呼吸消耗)。

2）四门斗茄坐果后　该期温度管理要比前期高一些：白天 26～32℃；上半夜 18～24℃，下半夜 15～18℃；土壤温度保持在 15～20℃，不能低于 13℃。植株长势较旺，要降低夜间气温；植株长势较弱，就应提高温度。如遇阴天，日照不足，室内温度要低一些，以减少株体营养消耗。在阴雪寒冷天气，必须坚持尽量揭苫见光和短时间少量通风。连阴后晴天，温度不能骤然升高，发现萎蔫必须回苫遮阴 3～4 天，待植株长势恢复后，再进行全天见光管理。到翌年春天，外界温度回升后，要逐渐加大放风量，避免室内温度过高（特别是中午），影响植株正常生长。

（3）光照管理

1）使用新塑料薄膜作棚膜　最好使用新塑料薄膜作棚膜，使用旧塑料薄膜的年限不要超过 2 年，同时要保证塑料薄膜有足够的清洁度。

2）每天用干净的抹（拖）布清洁棚膜　及时清除薄膜表面上的草屑、灰尘等杂质，尽可能增加塑料薄膜的透光性。

3）适时揭盖草苫　在寒冷季节，即使遇到阴天或降水（雪）天气，也要尽可能揭开草苫见光，可晚揭早盖。如遇大雪，要及时清扫日光温室前屋面上的积雪。

4）人工补光　在 12 月至翌年 1 月的严冬季节，此时太阳高度角最低，进入棚室的有效光照是一年中最少的，为增加室内光照，可在日光温室内张挂反光幕等，必要时可用白炽灯补光。

张挂反光幕的方法：反光幕上端固定在日光温室中柱的上方，下端距地面 20 厘米左右。反光幕一般选择在晴天早、晚和阴天光线较弱时张挂，光线较强时和夜间收起，以使白天后墙多吸收热量，增加日光温室的保温性，夜间多释放热量。

5）及时去苫　当外界平均温度达到 15℃以上时去除草苫。

（4）水肥管理　定植时浇透缓苗水，直到门茄瞪眼前不浇水施肥。门茄瞪眼后，亩用硝酸磷肥 30 千克＋硫酸钾 7.5 千克混合穴施，结合施肥进行浇水。此期浇水量不宜偏大。为控制室内湿度，要实行膜下浇水。浇水时间以 10 时前为好，浇水后封闭棚室 1 小时再放风排湿。第二次追肥在对茄开始膨大时，追肥数量、种类及方法同第一次。以后追肥浇水的周期和数量视植株生长状态决定。

春节后，外界气温开始回升，光照条件也得到改善，植株开始进入旺盛生长期，对水肥的需求加大。此时浇水量可以加大，可以明沟浇水，但要在浇水后大放风，降低室内湿度，以防止病虫害的发生。上午浇水，中午放风排湿。

随着外界温度的不断升高，浇水的周期也要缩短，一般 7 天浇水 1 次。施肥种类和数量也要不断变化和加大，一般亩每次随水冲施尿素 15～20 千克＋三元素复合肥 30 千克。每隔 10～15 天，喷 1 次叶面肥。

（5）保花保果　日光温室一大茬茄子，在低温弱光环境下生长，易引起落花落果以及果实畸形。为了防止落花落果以及畸形果现象发生，保证茄子生产高产高效，除了尽可能为茄子提供正常生长发育的环境条件之外，还要进行适当的化学调控。

（6）整枝打叶

1）整枝　嫁接茄子植株生长旺盛，分枝力强，生长期长，如不及时进行整枝打权,在日光温室光照弱、通风差的环境中,不但植株易徒长、难坐果,而且易造成病害流行。

日光温室一大茬茄子栽培多采用双干整枝,这样有利于后期群体受光。

2)及时摘叶 在生长过程中及时摘叶,可通风、透光、防病、防烂果,尤其到了中后期结果位置升高,下部的老叶要及时处理,同时也要及时抹掉砧木上发生的侧芽。其摘叶技术是:

A. 看品种摘叶。对分枝能力强、枝叶繁茂的品种可多摘;对分枝能力差、枝叶稀少的品种应少摘叶或者不摘叶。

B. 看长势摘叶。密度过大、生长繁茂、枝叶郁闭严重的植株可多摘,以保持叶片稀疏均匀,便于通风透光;栽培较稀、生长正常、通风透光良好的植株可少摘或者不摘。

C. 看叶片摘叶。在进行茄子摘叶时要做到:只摘下部苋边叶,保留中上部叶;摘去病虫危害叶,保留生长正常叶;摘去枯黄烂叶,保留健壮绿叶。

D. 看天气摘叶。天气干旱少雨时少摘或不摘,多雨地区和多雨季节多摘叶。

E. 看肥力摘叶。土壤肥沃,或施肥量大且多为氮肥的,应多摘叶;土壤薄,或施肥量不足且多为有机肥或磷、钾肥搭配,适当的应少摘叶。

3)吊枝 温室茄子由于栽培期长,植株比较高大,所以需要采用吊枝生长,以防果实压断果枝和植株倒伏,保证良好的群体结构。

(7)适时采收 根据植株长势及时采收门茄,根据商品成熟标准,适时采收茄子,以促进上部茄子生长发育。

三、日光温室冬春茬栽培技术

1. **对设施的要求** 茄子日光温室生产中,有收无收在于温,收多收少在于光。要求最寒冷季节室内最低气温不低于10℃,地温不低于12℃,具有良好的保温和采光性能,以满足茄子生育对温度与光照的需求。

2. **品种选择** 冬春茬栽培的目的是尽量提早采收上市,以获得最大的经济效益,因此,要选择耐低温、弱光、高湿的早熟品种。

3. **适期播种** 日光温室冬春茬茄子生产,要求早熟兼顾丰产,所以要育大苗,不同地区的茄子适播期因各地所处的地理纬度、育苗设施性能的不同而异,如华北地区为10~11月,偏南走下限,偏北走上限。

4. **适时定植** 此茬要赶在3月春淡季上市,必须在上年的12月中旬选择晴好天气进行定植。

5. **定植后的管理**

(1)温度管理

1)缓苗期 定植后2~3天,如果室内温度不超过38℃不进行放风,夜间要及时地加盖草苫等覆盖物保温,以促进茄子快速缓苗。

2)缓苗后 保持室内有较高的温度,一般上午保持在25~30℃,下午保持在

$20 \sim 28℃$,室温超过30℃时要适当放风,低于25℃时要及时关闭风口,夜间保持在$15 \sim 18℃$,以促进茄子植株能够快速健康生长,尽快形成丰产株型。

3)越冬期 此期正处于开花结果期,温度不可过低,以免形成畸形果和造成落花落果。在低温期间,要在中午天气晴好时及时进行放风,既可降低室内湿度,又可补充室内的二氧化碳,促进光合作用,还可以排出室内的有害气体。

4)春节以后 随着外界温度的升高,要逐渐加大温室的放风量,以免室内温度过高,影响植株正常生长。其他温度管理措施可参照本章第三节"二、日光温室越冬一大茬栽培技术"的温度管理方法进行。

(2)光照管理 参照本章第三节中"日光温室越冬一大茬栽培技术"的管理方法进行。

(3)水肥管理 一般浇足缓苗水后在门茄瞪眼之前就不再进行浇水,以中耕保墒提温为主。门茄瞪眼后,植株转入营养生长与生殖生长同时并进阶段,开始浇第一次水,但此时正处于一年中最为寒冷的季节,为避免地温下降和控制室内湿度,减少病害发生,浇水要选择晴天的上午进行,一般以膜下暗灌浇小水为主。在浇水时,可随水冲施硝酸磷肥30千克+尿素10千克。从3月起,外界气温已升高,植株也开始进入旺盛生长期,对水肥的需求加大,要逐渐增加追肥浇水量,一般结合浇水,可亩施三元素复合肥50千克或尿素20千克+硫酸钾10千克。因此时温度升高,磷肥的利用率及茄子吸收磷的速率提高,故可不再追施磷肥。

(4)其他 该茬茄子中后期管理技术(春节以后),同茄子塑料大棚春提前栽培,不再赘述。

四、日光温室秋冬茬栽培技术

茄子日光温室秋冬茬生产,除设施应用、播种采收期与茄子塑料大棚秋延后生产有所不同外,其他管理基本一样,此处仅介绍不同点。

1. **对设施的要求** 请参考第二章第四节相关内容。

2. **品种选择** 此茬茄子是在夏季进行育苗,此时外界温度高,雨水大,易引发病害,所以要选择苗期抗病、耐强光、耐热,后期低温膨果速度快、耐低温弱光的茄子品种。

3. **适期播种** 茄子秋冬茬栽培一般在1月底至2月初,也就是春节前后,销售完最后一茬茄子后进行拉秧,生长周期短,为了获得较高的产量,要在夏季就开始播种育苗,如果播种过晚,产量太低;如果播种过早,产品上市期与露地茄子相冲突,都不能够取得较好的经济效益。生产实践认为,在7月上中旬播种育苗较好。

4. **培育壮苗** 秋冬茬茄子育苗时正值高温多雨季节,育苗的关键是"四防",即防高温、防暴雨、防病毒病、防蚜虫。

5. **定植** 此茬茄子一般在8月中下旬定植。一般亩定植2 000株左右。

(1)温室消毒 此茬茄子定植正值高温高湿季节,病虫害繁衍较快,最好在定植前进行温室消毒。消毒方法为高温闷棚消毒,即关闭所有放风口,使温室温度上升到最高(60℃以上),并维持 7 天左右,以杀灭病虫。

(2)定植技术　定植苗龄不宜太大,一般具有 6~8 片叶,苗高 20 厘米左右为宜。

定植时温度高,光照强,应选择阴天或晴天下午进行。定植时将温室前面的膜掀开,膜上盖遮阳网或放其他遮阴物,形成通风而凉爽的条件。定植时,尽量多带土,少伤根,随定植随按株浇小水,随后顺沟浇大水促进缓苗。

(3)覆盖地膜　可采用银灰色、黑色、黑白双色地膜覆盖,以保湿、避蚜,降地温。

6. 其他定植后的管理技术　参照本章第二节"三、塑料大棚秋延后栽培技术"的有关内容进行。

第四节　不同生育时期植株长势长相成因与诊断

田间诊断就是根据植株的长势长相,判断其生长发育是否正常。茄子的植株,在各个生育期都表现出一定的形态特征,在不良环境条件的影响下,植株的外部形态会表现出反常现象,根据这些形态即可判断出是由什么原因引起的,从而采取相应措施加以解决。

一、苗期

1. 出苗障碍

(1)土壤板结　播种后床土表面干硬结皮,空气流通受阻,种子呼吸不畅,不利于种子发芽。已发芽的种子被板结层压住,不能顺利出土,致使幼苗弯曲,子叶发黄,成为畸形苗。

1)原因　综合分析,引起土壤表面板结往往有两方面原因:一是床土土质不好;二是浇水方法不当。如果在播后出苗前浇水量过大,会冲走覆土,使种子暴露在空气中,或者引起土壤板结,造成种子出苗难。

2)预防措施　在配制床土时要适当多搭配腐殖质较多的堆肥、厩肥。播种后,覆土也要用这种营养土,并可加入细沙或腐熟的圈肥,可防止土壤板结。

要求播前浇足底水,播种后至出苗前,尽量不浇水也是防止土壤板结的措施之一。苗出齐后,再适量覆土保墒。如果播后苗前,床土太干必须浇水时,可用喷壶洒水,以减轻土面板结。

(2)出苗少　播种之后长时间不能出苗,即使有部分出苗,出苗也非常少,且非常分散,苗子弱。

1)原因　一是种子质量不好,如种子在播种前已失去发芽能力,或种子受病菌侵害影响出苗;二是播种床土温过低而水分又过多,使种子腐烂,或床土过干使种子发芽受到影响。

2)预防措施 选用发芽率高的种子,并进行消毒处理。如果是温度过低而未出苗,应设法为苗床加温;床土过干而影响出苗的,应用喷壶洒浇温水;床土过湿时,可撒厚度0.5厘米左右的草炭、炉灰渣、炭化稻壳或蛭石等,在床土表面吸湿。

种子长时间不出土时,扒开覆土检查种子,如果种子有发霉、烂掉或回芽等现象,要及时补种。

(3)**出苗不齐** 苗子出土快慢不齐,出土早的与出土晚的可相差3~4天,甚至更长。造成幼苗大小不一,管理不便。

1)原因 一是种子质量差,如成熟度不一致、新种子与旧种子混杂、充实程度不同等;催芽时投洗和翻动不匀,已发芽的种子出苗快,而未发芽的出苗慢。二是播种技术和苗床管理不好造成的。如播种前底水浇得不匀,床土湿的地方先出苗。播种后盖土薄厚不均匀,也是出苗不整齐的重要原因。播种床高低不平也直接影响出苗早晚。

2)预防措施 选用发芽率高的种子,新旧种子分开播种。床土要肥沃、疏松、透气,并且无鼠害;播种要均匀,密度要合适。

(4)**"戴帽"出土** 在种子出土后,种皮不能够脱落,夹住子叶,这种现象称为"戴帽"。由于种皮不能脱落,造成子叶不能顺利展开,妨碍了光合作用,造成幼苗营养不良,成为弱苗,这种现象在茄子育苗过程中经常发生,对苗子的影响很大。

1)原因 造成种子"戴帽"出土的原因有两个方面,一是盖土过薄,种子出土时摩擦力不足,使种皮不能够顺利脱掉;二是由于苗床过干。

2)预防措施

☞ 苗床的底水一定要浇透。

☞ 在播种之后,覆土厚度要适当,不能过薄,一般在1厘米左右;种子顶土时,若发现有种子"戴帽"出土,可再在苗床上撒一层营养土。

☞ 外界温度不高时,播种后一般要在苗床表面覆盖塑料薄膜,以保持土壤湿润。

☞ 一旦出现"戴帽"出土现象,要先喷水打湿种皮(使种皮易于脱离),而后人工摘除种皮。

2. **苗相异常**

(1)**叶色过深** 苗床氮肥充足、夜间温度稍低的条件下,幼苗叶片展开不久就形成花青素,叶片颜色较深。

(2)**叶色过淡** 氮肥少、夜温高、光照不足的情况下,叶色变淡。

(3)**顶芽弯曲** 低温、氮肥过多条件下顶芽弯曲,可能是根系发生吸硼障碍所致。

(4)**沤根** 发生沤根时,幼根表皮呈锈褐色腐烂,致使地上部叶片变黄,严重的萎蔫枯死。

1）原因

A. 土壤或基质湿度过大,通气性差,根系缺氧窒息。在苗床上浇过多的水分,造成土壤含水量过大,特别是低温条件下,水分蒸发慢,作物生长速度慢,吸水速度也慢,造成土壤含水量长时间不能降低,使根系长时间在无氧条件下生长,造成缺氧窒息而死。

B. 地温低。作物根系生长的适宜温度一般为 20～30℃,而地温低于 13℃ 则根系生理机能下降,地温长时间低于 13℃,根系受伤容易引发沤根。

2）预防措施

A. 加强育苗期的地温管理,正确掌握棚室温度的控制。一般情况下,只要夜间棚内气温不低于 10℃,地温就不会低于 13℃。同时,采用穴盘育苗缺少加温条件者,应注意将穴盘排放在地表下的苗畦内,这样才能有效地避免因低温引发沤根。

B. 在配制营养土时,适当加大有机肥的用量,以提高营养土的透气性能。同时农家肥还可以通过自身发热,适当提高苗床温度。

C. 低温季节,尽量采用酿热温床或电热温床进行育苗,使苗床温度白天保持在 20～25℃,夜间保持在 15℃ 左右。

D. 温度过低时严格控制浇水,做到地面不发白不浇水,阴雨天不浇水。浇水时要用喷壶喷洒,千万不能进行大水漫灌,以防止土壤湿度过大,透气性下降。

E. 一旦发生沤根,须及时通风排湿,也可撒施细干土或草木灰吸湿,并要及时提高地温,降低土壤或穴盘基质中的湿度。

F. 叶面喷施爱多收 6 000 倍液 + 甲壳素 8 000 倍液,或喷洒碧护 6 000 倍液,促进幼苗生根,增强幼苗的抗逆能力。

（5）烧根 烧根时根尖发黄,不发新根,但不烂根,地上部生长缓慢,矮小发硬,形成小老苗。

1）原因 烧根主要是由于营养土配肥过多或苗床追肥过多,土壤干燥,土壤溶液浓度过高造成的。一般情况下,若土壤溶液浓度超过 0.5% 就会烧根。此外,如床土中施入未充分腐熟的大块有机肥,当大块有机肥发酵时也能引起烧根。

2）预防措施 在配制营养土时,一定要按配方比例加入有机肥和化肥,有机肥一定要充分腐熟,肥料混入后,营养土要充分混匀。已经发生烧根时要多浇水,以降低土壤溶液浓度。

（6）高脚苗 高脚苗是指幼苗下胚轴过长的苗。

1）原因 形成高脚苗的主要原因:一是播种量过大;二是出苗时床温过高。

2）预防措施 适当稀播,撒种子要均匀;及早进行间苗;及时降低出苗时床温及气温,拉大昼夜温差;阴天及降水（雨、雪）天气要适当降低室温。

（7）僵化苗 出现僵化苗是茄子在冬季育苗中经常遇到的问题,特别是当育苗设施的保温性能较差,或外界出现恶劣天气时,更易出现幼苗僵化现象。

僵化苗的特征是:茎细而软,叶片小而黄,根少色暗,定植后不易发生新根,生长慢,生育期延迟,开花结果晚,结果期短,容易早衰。

1)原因 温度低、光照弱、苗床土壤干燥等。

2)预防措施 一旦发生幼苗僵化现象,首先要给幼苗适宜的温度和水分条件,促使秧苗正常生长。要尽量提高苗床的气温和地温,适当浇水。对僵化苗,喷赤霉素10～30 毫克/千克、碧护6 000倍的稀释液100 克/米²,喷后 7 天开始见效,有显著促进生长的作用。

(8)叶片异常

1)茶黄螨 植株顶部叶片变小、变窄、皱缩、生长缓慢、畸形,叶背面呈现茶褐色,且有光泽,是受茶黄螨危害所引起。

2)蓟马 幼苗长势慢,叶片粗糙无光,且有小型坏死斑,是蓟马危害所造成。

3)蚜虫 蚜虫危害是顶叶卷曲,下部叶面呈溯油状。

4)红蜘蛛 红蜘蛛危害是先见黄白色小点,继而变红斑干枯。

3. 死苗

(1)原因 发生死苗的原因较多,一般有以下几个方面:

1)病害死苗 由于播种前苗床土、营养土未消毒或消毒不彻底,出苗后没有及时喷药防病,以及苗床温度、湿度管理不当等,引起猝倒病、立枯病发生。

2)虫害死苗 苗床内蛴螬、蝼蛄等地下害虫大量发生时,造成危害,引起死苗。

3)药害死苗 苗床土消毒时用药量过大,播种后床土过干及出苗后喷药浓度过高,易造成药害死苗。

4)肥害死苗 苗床土拌入未腐熟的有机肥,或拌化肥不匀,引起烧根死苗。

5)冻害死苗 在寒流、低温来临时,未及时采取防寒措施,导致秧苗受冻死亡,或分苗时机不当,分苗床土温过低,幼苗分到苗床后迟迟不能扎根而造成死苗。

6)风干死苗 未经通风锻炼的秧苗,长期处在湿度较大的空间,苗床通风时,冷空气直接对流,或突然揭膜放风,以及覆盖物被大风吹开,均会导致苗床内外冷热空气变换过猛,空气温度、湿度骤然下降,致使柔嫩的叶片失水过多而引起萎蔫。如果萎蔫过久,叶片不能复原,则最后变成绿色干枯,此现象称为风干。

7)起苗不当造成死苗 分苗时一次起苗过多,一时分栽不完的苗失水过多,分苗后不易恢复而死苗;幼苗在分苗前发育不好,根系少;分苗过晚,造成伤根过重,吸收能力衰弱而死苗。

(2)预防措施

1)病害造成的死苗 在配制营养土时要对营养土和育苗器具做彻底的消毒,按每平方米苗床用50% 多菌灵可湿性粉剂 8～10 克或99% 噁霉灵可湿性粉剂 1 克,与适量干细土混匀撒于畦面,翻土拌匀后播种。配制营养土时,每立方米营养土中加入50% 多菌灵可湿性粉剂 80～100 克或99% 噁霉灵可湿性粉剂 5 克,充分混匀后填装营养钵。幼苗75% 出土后,喷施72.2% 霜霉威盐酸盐水剂 400 倍液杀菌防病。适时通风换气,防止苗床内温度、湿度过高诱发病害。

2)虫害引起的死苗 用80% 敌敌畏乳油1 000 倍液浇灌苗床土面,防治蛴螬;用

50%辛硫磷乳油50倍液拌碾碎炒香的豆饼、麦麸等制毒饵,撒于苗床四周杀蝼蛄;用2.5%溴氰菊酯乳油1 000倍液,或48%毒死蜱乳油2 000倍液浇灌苗床土面,可有效控制蚯蚓危害。

3)药害引起的死苗 在苗床土消毒时用药量不要过大;药剂处理后的苗床,要保持一定的湿度,但每次浇水量不宜过多,避免苗床湿度过大;一旦发生沤根,要及时通风排湿,促进水分蒸发;阴雨天可在苗床上撒施干细土或草木灰吸湿。

4)肥害引起的死苗 有机肥要充分发酵腐熟,并与床土拌和均匀。分苗时要将土压实、整平,营养钵要浇透。

5)冻害引起的死苗 在育苗期间,要注意天气变化,在寒流、低温来临时,及时增加覆盖物,并尽量保持干燥,防止被雨、雪淋湿,降低保温效果。有条件的可采取临时加温措施提高苗床土温;采用人工控温育苗,保证秧苗对温度的要求,如电热线温床育苗、分苗。合理增加光照,促进光合作用和养分积累,适当控制浇水,合理增施磷、钾肥等提高抗寒能力。

6)风吹引起的死苗 在苗床通风时,要在避风的一侧开通风口,通风量应由小到大,使秧苗有一个适应过程。大风天气,注意压严覆盖物,防止被风吹开。

7)起苗不当造成的死苗 在起苗时不要过多伤根,多带些宿土,苗要随分随起,一次起苗不要过多;起出的苗用湿布盖住,以防失水过多;起苗后,挑除根少、断折、感病以及畸形的幼苗;分苗宜小不宜大,以利于提高成活率。

一般茄子幼苗在2叶1心时分苗为好。分苗要选择晴天进行,如棚室光线强、温度高时,可在棚室顶部覆盖遮阳网或草帘遮光,以防止阳光直射刚刚分完的苗,造成失水、萎蔫或死苗缺棵现象的发生。

二、结果期

据段敬杰观察,茄子品种不同,结果期的各种苗态(壮苗、弱苗、旺苗)不一样,下面以绿油油 F_1 为例,讲述茄子结果期不同苗态的外部特征,供参考。

1. **长势弱** 植株最上面的花将开放时,顶梢部分应有已展开的幼叶2~3片,只有1~2片展开叶,甚至花压顶,侧枝明显细小,是长势弱的表现。长势弱可能是营养生长不良、地温低、肥水不足、果子坠秧、病虫危害所致,如图3-1所示。

从上向下看,已开花的部位距顶端应有10~15厘米,如果不足10厘米,是长势弱的表现。

靠近顶端的幼叶在夜间直立向上,表明根系机能正常,反之则可能是根部受到损伤,浇水不足或地温偏低。

植株上部叶片无光泽,是根系受伤或缺水造成的。

植株衰弱则花小色淡,并发育成短柱花。

叶尖的生长点和上部最大叶平直,表明需要浇水。

2. **长势旺** 长势旺的植株,花大色深,开花节位上部有展开叶5片以上,节间长度5厘米以上。主茎和第一侧枝的分杈处如果粗度相等也是长势旺的表现。要及时

图3－1　茄子弱苗

通过对光照、温度、水分、肥料、气体的调节，使植株由旺转壮，如图3－2所示。

　　3. 长势壮　营养生长和生殖生长协调较好的植株，开花节位上部有3~4片叶展开，节间长度5厘米左右，表明生育良好；植株上部叶片有光泽，说明根系机能正常；顶部心叶的颜色在下午或傍晚变淡，说明土壤湿度适宜，如图3－3所示。

图 3 - 2　茄子旺苗

图 3 - 3　茄子壮苗

4. 果实着色不好

（1）紫茄品种　　主要是受光不良或昼夜温差小,摘除部分叶片可能有所改善,但摘叶过重会影响果实膨大生长,植株长势变弱。

果实无光泽的原因是土壤水分不足,根系在低温条件下机能受到影响。激素处理浓度过高,或使用激素后温度高,会使果实发皱或裂果。

在日光温室内出现紫茄品种不着色或着色很差的原因是受覆盖材料的影响所致。如厚度在0.1毫米的聚氯乙烯膜覆盖初期,对280纳米以下的紫外线透过率为0,对320纳米以下的紫外线的透过率只有25%,因此,在日光温室内种植茄子,如棚面覆盖聚氯乙烯膜作保温透光覆盖材料,其内种植的茄子,就不会着色,或着色很差。这是因为280~440纳米的波长,是植物形成色素的主要光质,此范围光质是促进维生素的合成和干物质的积累、防止徒长、防止病害、使植株老化并提高产量的波长。在日光温室覆盖物受污染后,日光温室内作物产量低,易徒长都是与此范围的光质透过少有关。

(2)青茄品种 高温呼吸作用强,强光可导致叶绿素分解,因此高温强光可导致青茄品种的果皮变白。

温馨提示

白粉虱与茶黄螨的严重危害,也可使茄子果实失去光泽或绿色,严重者导致果实开裂等。

---

5. 营养不良引起的病害与安全防治

(1)缺氮 氮是构成蛋白质的主要元素,而蛋白质是细胞质、细胞核和酶的主要成分,植物体内含有蛋白质的器官都含有氮。此外,叶绿素、植物激素、多种维生素和生物碱中也都含有氮。可以说氮是生命元素。

1)症状 茄子缺氮时植株矮小,生长缓慢,叶片小,叶色变淡,叶片均匀褪绿黄化,下部老叶尤甚。一般从叶尖沿主脉逐渐黄化、干枯。病株根量少,色白而细长,严重时根系停止生长,呈褐色。在开花期虽也能形成少量花蕾,但由于没有足够的养分供应,花蕾停止发育变黄脱落。少量果实表现果小、畸形。

2)防治方法 为避免植株缺氮一定要施足基肥,且在温度低时施用硝态氮肥料效果更好。茄子需肥量较大的初果期和盛果期,易缺乏氮素,应注意及时追施氮素等肥料。若发现缺氮,亩可立即追施碳酸氢铵50千克或尿素15千克,追肥结合浇水;缺氮严重时,可叶面喷洒0.1%尿素溶液。

(2)缺磷 磷是植物细胞的组成成分,在植物的新陈代谢中起着非常重要的作用。

1)症状 茄子缺磷时,生长初期其生长势就差,茎秆细长,纤维发达,植株难以分化形成花芽,或花芽分化和结果期延长,果实着生节位明显上升,叶片变小,下部叶变黄褐色,严重时从下部开始逐渐脱落,叶色变深,叶脉发红。

2)防治方法 育苗时要在营养土中施入磷肥,定植前要在大田中施过磷酸钙等磷肥作为基肥。一般碱性土壤易缺磷,可通过施用酸性肥料或大量增施有机肥改良土壤性质。依据茄子生育规律,除施足底肥外,对连续采摘期长的栽培茬口,还要追施过磷酸钙、硝酸磷肥、磷酸二氢钾等速效性磷肥。必要时盛果期可叶面喷施

0.2% ～0.3% 磷酸二氢钾或 0.5% ～1.0% 过磷酸钙溶液。

（3）缺钾　钾不但能促进植物体内蛋白质的合成,而且对于碳水化合物的合成和运输,也有很大的促进作用。

1）症状　茄子缺钾初期心叶变小,生长慢,叶色变淡;后期叶脉间失绿,出现黄白色斑块,叶尖叶缘渐干枯,老叶易黄化干枯脱落。果实小,且果实顶部、维管束、种子变褐。缺钾叶片黄化与缺氮十分相似,但不同的是,缺钾老叶黄化干枯是从叶片的边缘开始往里逐渐干枯。

2）防治方法　多施有机肥作基肥;钾肥易流失,要防止土壤积水。发现缺钾时在多施有机肥的基础上,土壤追施硫酸钾 20 千克或硝酸钾 10 千克,或草木灰 200 千克。盛果期用 0.2% ～0.3% 磷酸二氢钾溶液或 10% 草木灰浸出液进行叶面喷施,7 ～10 天 1 次。

（4）缺钙　钙是构成细胞壁的成分,对于细胞壁的形成起着关键的作用。同时钙元素对于植物体的抗病性也起着一定的作用。

1）症状　茄子缺钙时植株生长缓慢,生长点畸形,幼叶叶缘失绿,叶片的网状叶脉变褐,呈铁锈状。严重时叶片干枯脱落,同时使植株顶部生长受阻,造成植株顶芽坏死脱落,降低植株抗病力,加速其老化,易导致落花,果实易发生脐部细胞坏死或腐烂。

施用氮、钾肥过多,土壤盐分浓度过高,土壤干旱或空气干燥遇高温时,或土壤过湿遇低温后气温突然升高时易缺钙。

2）防治方法　多施有机肥,及时调节好棚室内的温度、湿度,遇不良天气时及时叶面补充速效钙肥,如钙宝、氯化钙等。发现植株缺钙时,要根据土壤诊断,施用适量的石灰,也可叶面喷洒0.3% ～0.5% 钙硼钙等速效微肥水溶液,每 4 天左右喷洒 1 次,连喷 2 ～3 次。

（5）缺镁　镁是植物体中叶绿素的成分之一,具有促进呼吸作用和植物对磷的吸收作用。

1）症状　茄子缺镁时叶脉附近,特别是主叶脉附近变黄,叶缘仍为绿色;严重缺镁时,叶片失绿,叶脉间会出现褐色或紫红色的坏死斑。这些症状一般从下部老叶开始发生,在果实膨大盛期,距离果实近的叶片易发生。果实除膨大速度变缓、果实变小、发育不良外,无特别症状。

2）防治方法　防止一次性或过量施用氮、钾肥,特别是要减少钾肥用量,增施磷肥。在土壤追施大量氮、钾肥后,及时叶面喷施硫酸镁 300 倍液可有效避免或减轻缺镁症状的发生。栽培中发现缺镁时,可施钙镁磷肥或用 0.2% 硫酸镁水溶液叶面喷施,7 天 1 次,连续2 ～3次。

（6）缺硼　硼影响着植物的生殖过程,对于花器官的发育和受精的进行起着重要的作用。另外,硼还可以抑制植物体内有毒酚类物质的合成。

1）症状　茄子缺硼时茎叶变硬,上部叶扭曲畸形,新叶停止生长,幼芽弯曲,植株呈萎缩状态,严重者顶端变粗,顶叶芽坏死。茎内侧有褐色木栓状龟裂,子房不膨大,花蕾紧缩不开放,果实表面有木栓状龟裂。果实内部和靠近花萼处的果皮变褐,易落果。土壤干燥、有机肥施用少,土壤酸化或过量施用石灰,一次性追施速效钾肥过量都有可能造成缺硼。

2)防治方法　重施有机肥。有机肥不足时,亩施硼砂 1 千克加饼肥 10 千克混匀作基肥。出现缺硼时,用硼砂 800～1 000 倍液进行茎叶喷雾,5～7 天 1 次,连续 2～3 次。

温馨提示

茄子缺硼症容易与下列症状相混,诊断时加以注意:

☞ 根据症状出现在上部叶还是下部叶来确诊,发生在下部叶不属此症。

☞ 缺钙也表现为生长点附近发生萎缩,但缺硼的特征是茎的内侧木栓化。

☞ 害虫(蚜虫、茶黄螨等)危害也可造成新叶畸形,要仔细观察分析症状发生原因。

☞ 病毒病、除草剂飘移危害、杀虫剂过量使用也会出现顶叶皱缩现象,要认真观察、分析、区分。

---

(7)缺铁　铁是植物体内酶的重要组成成分,是叶绿素合成所必需的元素之一。

1)症状　茄子缺铁时,幼嫩新叶除叶脉外均变为鲜黄色,黄化现象均匀,不出现斑状黄化或坏死斑。在侧芽及腋芽上也出现主茎顶尖类似症状。

一般情况下,沙质及盐碱土壤上易缺铁;一次性施用磷肥过多也易缺铁;棚室内土壤过干、过湿、地温低时,根系对矿物质养分和水分吸收受阻时也易缺铁;铜、锰元素过多与铁产生拮抗作用也能引起缺铁。

2)防治方法　多施有机肥,碱性土壤每 2～3 年,底施硫酸亚铁 5 千克。避免一次性大量施入磷肥。发现缺铁症状时用硫酸亚铁 200～300 倍液或 100 毫升/升柠檬酸铁溶液进行茎叶喷施,5～7 天 1 次,连续 2～3 次。

(8)缺锌　锌是植物体内吲哚乙酸(生长素)生物合成所必需的元素。同时锌还是某些酶的组成成分或活化剂。

1)症状　茎尖幼嫩部位叶片中间隆起,叶肉黄白化,畸形,茎叶发硬,生长点附近节间缩短,叶片变小。

土壤呈碱性;植株吸收磷素过多抑制锌的吸收;在遮阳网下育的苗,猛然移入光照较强的大田;露地栽培夏季雨后骤晴,都可能导致茄子缺锌。

2)防治方法　土壤中避免过量施用氮、磷肥。出现缺锌状时,用硫酸锌 800 倍液进行茎叶喷雾,5～7 天 1 次,连续 2～3 次。

(9)缺锰　植物的光合作用需要锰的参与,同时锰也是叶绿体的构成元素之一。

此外,锰还是植物体内某些酶的活化剂,在锰的参与下,能提高植物体的呼吸效率。

1)症状　茄子缺锰时植株叶脉间失绿,呈浅黄色斑纹,或出现不明显的黄斑或褐色斑点。严重时,上部嫩叶均呈黄白色,花芽呈黄色,植株节间变短,茎细弱,幼叶不萎蔫。

温馨提示

☞ 如果是缺铜,除表现上述症状外,幼叶会萎蔫。

☞ 缺钙、硼,顶尖幼芽易枯死,而缺锰无顶芽枯死现象。

---

2)防治方法　整地时,亩施硫酸锰 2 ~ 4 千克作基肥。平衡施肥,重施有机肥,勿使肥料在土壤中呈高浓度。发现缺锰时,用硫酸锰 500 ~ 600 倍液进行茎叶喷雾,2 ~ 3 天 1 次,连续 2 ~ 3 次。

(10)茄子幼芽弯曲

1)症状　茄子苗顶端茎芽发生弯曲,秆变细,仅为正常茎粗的 1/5 ~ 1/3;植株生长暂时停止或放缓,继而侧枝增多增粗。主要是由于低温、施用氮素过多引起的钾、硼元素吸收障碍。

2)防治方法　定植时注意增施有机肥,低温弱光期,亩追施硫酸钾 15 千克和硼砂 1 千克。出现症状时,可在叶面上喷高钾营养液和硼砂 1 000 倍液,以促使植株恢复正常生长。

(11)茄子嫩叶黄化

1)症状　幼叶呈鲜黄白色,叶尖残留绿色,中下部叶片出现铁锈色条斑,嫩叶黄化。

多肥、高湿、土壤偏酸、锰素过剩,抑制了植株对铁元素的吸收,导致新叶黄化。

2)防治方法　发病后,叶面喷施硫酸亚铁 500 倍液,田间施入氢氧化镁和石灰,以调整土壤酸碱度,补充钾素,平衡营养,可满足或促进植株对铁素的吸收。

5. 环境条件不适宜或管理不当引起的病害与安全防治

(1)茄子僵果与萼下龟裂果

1)症状　僵果又称石果,是单性结实的畸形果。果实个小,果皮发白,有的表面隆起,果肉发硬,致萼下龟裂,适口性差,环境适宜后僵果也不发育。

2)原因　苗的品质不好;花芽分化不充分,形成多心皮果实;激素使用量大,开花结果期温度过高或过低,使花授粉不完全;夜温过高,昼夜温差小;铵态氮和钾肥施用过多;苗期干燥、弱光、低温、苗龄小、根系少、主根浅、根受冻等造成茄子吸收水分和养分量小等情况都易引起僵果。

3)防治方法

A. 选择适宜品种。

B. 采用配方施肥技术。叶面喷施 1% 尿素 + 0.5% 磷酸二氢钾 + 0.1% 膨果素混合溶液,可有效促进果实膨大。

C. 日光温室等保护地栽培时,温度控制在30℃以下,及时通风换气防止高温危害,昼夜温差不能小于5℃。

D. 进行人工授粉或用10～15毫克/升坐果灵溶液涂抹花柄,也可用30～50毫克/升防落素溶液喷花,促进果实膨大。有条件的可以用蜜蜂辅助授粉。

E. 选用聚乙烯紫光膜,增加冬季温室内紫外光谱透光率,可提高温室内温度2～3℃,控秧促根。

D. 及时摘取僵化老果,避免其与上层果争夺营养,以减少僵果。

(2)茄子落蕾落花

1)症状 茄子的蕾在开花前后脱落,坐不住果。

2)原因 温度过高或过低;花发育不良,中短柱花多;缺肥少水,营养不良;植株旺长;光照弱,植株生长不良等都可导致落蕾落花。

3)防治方法

☛ 培育壮株,加强温、湿度调控,及时适量供给肥水。

☛ 注意促长柱花生长,减少短柱花的比例,以利于提高坐果率。生产中采用的关键措施是加强花果期的温度管理,白天控制在25℃左右,夜间控制在15～20℃,使花芽分化较迟缓,以利于长柱花的形成。要合理安排种植茬口,使结果期白天温度在25℃以上,夜间在15～20℃。夏季高温期应注意浇水降温,如遇连续高温天气,可架遮阳网降低温度,以提高坐果率。注意绝对不可在夜间为日光温室加温,否则会使夜温过高,导致大量落花。

☛ 在茄子花蕾含苞待放到刚开放这段时间,用20～30毫克/升2,4-D溶液,涂抹果柄或柱头,温度低时抹药浓度为30毫克/升,温度高时抹药浓度为20毫克/升。注意不能重复涂抹,为防止重复,可用广告色做标记。

☛ 采用配方施肥技术,合理施用有机肥,提倡施用绿丰生物肥50～80千克/亩,或叶面喷施植物生长调节剂芸薹素内酯3 000～4 000倍液、爱多收6 000倍液,或碧护2 000～4 000倍液。

(3)茄子畸形花

1)症状 正常的茄子花大而色深,花柱长,开花时雌蕊的柱头突出,高于雄蕊花药之上,柱头顶端边缘部位大,呈星状花,即长柱花。生产上有时遇到花朵小、颜色浅、花柱细、花柱短,开花时雌蕊柱头被雄蕊花药覆盖起来,形成短柱花或中柱花。当花柱太短,柱头低于花药开裂孔时,花粉不易落到雌蕊柱头上,不易授粉,即使勉强授粉也易形成畸形花,或开花后3～4天,幼果从离层处脱落,坐不住果。

2)原因 温度过高,光照弱,氮、磷元素不足,都易产生畸形花。

3)防治方法

A. 培育壮苗。配制肥沃的营养土,气温白天控制在20～30℃,夜间20℃以上,地温不低于20℃。冬季育苗要选用温床,早春注意防止低温,后期气温逐渐升高,防止高温多湿。昼夜温差不要小于5℃,保持土壤湿润。苗龄不可过长,要求茎粗壮,节间短,叶大肥厚,叶色深绿,须根多。注意要经常擦去棚膜上的灰尘,增强光照。

B. 尽量延长日照时间,促进花芽分化及长柱花形成。

C. 提高移植质量。定植前1~2天浇透苗床,喷一遍杀菌杀虫剂+营养液的复合溶液,移植时尽量少伤根。随取苗,随栽苗,随浇水。

D. 保护地茄子进入5月,棚膜应逐渐揭开,防止高温危害,产生畸形花。

（4）茄子裂果

1）症状　保护地茄子生育前期,出现茄子果实形状不正,产生双子果或开裂,主要发生在门茄上,开裂部位一般在花萼下端。另外,在露地或保护地茄子的生育后期,发生茶黄螨、茄二十八星瓢虫等危害时,也可产生裂果,但多从果脐部开裂,露出种子和果肉。

2）原因　温度低、氮肥施用过量、浇水过多造成花芽分化和发育不充分而形成多心皮果实,或由雄蕊基部开裂而发育成裂果。此外,果面伤疤、有害气体危害、虫害等都易造成裂果的发生。

3）防治方法

A. 移植前提前浇水,带土移栽,尽量少伤根;采用配方施肥技术,进行平衡施肥;防止过量施用氮肥,合理浇水,果实膨大期不要过量浇水。

B. 棚室茄子定植后,将茄子专用防裂素配制成30毫克/升水溶液喷雾,可有效防止保护地茄子裂果。

C. 保持适宜的田间湿度,防止干旱后大量浇水而造成土壤水分剧烈变化。

D. 防止产生畸形花。

E. 及时防治害虫。

（5）茄子果实日灼和烧叶

1）症状

A. 日灼。主要危害果实。果实向阳面出现褪色发白的病变,逐渐扩大,呈白色或浅褐色,导致皮层变薄,组织坏死,干后呈革质状,以后容易引起腐生真菌侵染,出现黑色霉层,湿度大时,常引起细菌侵染而发生果腐。

B. 烧叶。茄子育苗和棚室栽培有时发生烧叶,特别是上中部叶片易发病。发生烧叶,轻则叶尖或叶边缘变白,重则整个叶片变白或枯焦。

2）原因　主要由阳光强烈直射引起。

3）防治方法

A. 选用抗热或耐热品种。

B. 在拱棚后期生长中要适时补充土壤水分,使植株水分循环处于正常状态,防止株体温度升高而发生日灼和烧叶。

C. 合理密植。采用南北垄,使茎叶相互掩蔽,避免果实接受阳光直接照射,育苗畦或设施内温度过高要及时放风降温。

D. 发生烧叶时要加强肥水管理,以促进茄子植株生长发育正常,必要时喷洒芸薹素内酯3 000倍液或碧护2 000~2 500倍液,7天喷1次,连续喷2~3次。

（6）茄子低温寒害和冷害

1）症状 发生寒害时,茄子叶片叶绿素减少,出现黄白色花斑,植株生长缓慢。发生冷害时,叶尖、叶缘乃至整个叶片呈水浸状,叶组织先褪绿呈灰白色,后病叶脱水呈青枯状。

2）原因 茄子设施栽培时,如果设施的保温性能不佳或管理不当,易造成茄子低温寒害和冷害。

3）防治方法 进行茄子保护地栽培时,要选择耐低温品种。根据自身保护设施的保温性能,合理安排栽培茬次。低温季节育苗时,最好选择温床进行育苗,定植前做好低温炼苗工作,增加苗子的抗寒性能。做好设施内的防寒保温工作,特别当出现降雪等恶劣天气时,不要使设施内温度长期处于10℃以下。一旦发生寒害,特别是冻害,不要升温过快,要上午早放风,下午晚闭风,尽量加大通风量,并用农用链霉素2 000倍液进行茎叶喷雾,可大大减轻受冻程度。

（7）茄子2,4-D药害

1）症状

A. 植株顶部。生长点变畸形,生长停止,茎秆、枝条发育受阻,扭曲、畸形,幼叶皱缩,僵小,不再生长。

B. 植株下部。根部根毛锐减,根尖膨大,丧失吸收能力,影响输导,严重时造成茄子整株死亡。

2）原因 主要由2,4-D使用不当引起。

3）防治方法 利用2,4-D进行保花保果时,要严格按照操作规程进行,特别要注意药液的使用浓度;施药时不能让药液碰到枝叶;2,4-D使用时不能进行喷施;使用时要根据温度调整用药的浓度,温度高时,适当降低用药浓度;避免重复施药。

（8）茄子枯叶

1）症状 中下部叶枯干,心叶无光泽,黑厚,叶片尖端至中脉间黄化,并逐渐扩大至整叶;折断茎秆,可看到维管束无黑筋。在日光温室中多发生在1~2月的低温弱光期内。

2）原因 因土壤缺水造成空间干冷,或由于施肥过多,造成植株脱水引起生理缺镁症。

3）防治方法 冬前选晴天(20℃以上)浇足水,因水分持热能力比空气高,可提高地温,避免冻伤根系。亩随水追施硫镁肥15千克,以增强光合强度,缓解症状。

（9）茄子顶叶凋萎

1）症状 顶端茎皮木栓化龟裂;叶色青绿,边缘干焦黄化;果实顶部下凹,易染绵疫病而烂果。

2）原因 在碱性土壤条件下,植株由低温弱光转入高温强光,导致植株地上部蒸腾作用大,同时根系吸收能力变弱,造成顶叶因缺铁、缺硼而凋萎。

3）防治方法 注意叶面补充钙、硼肥。高温强光天气的中午要注意降温防脱水,前半夜保温促长根,3～5天后地上地下部生长平衡后,再进行高温强光管理,可防止闪苗和顶叶脱水凋萎。

（10）茄子着色不匀

1）症状　深紫色品种的茄子在日光温室、塑料大棚栽培时,呈淡紫色或红紫色,个别果实甚至呈现绿色。着色不良果分为整个果实颜色变浅和斑驳着色不良两种类型。在日光温室栽培时,多发生半面着色不良。

2）原因　农膜选用不当,果实受光弱,色素形成受到影响。坐果后持续阴雨天气,或果实被叶片遮盖,都会引起着色不良。

3）防治方法　尽量选择透光性好的塑料薄膜进行覆盖,并定期清除膜上的灰尘及水珠,增加透光率。早揭晚盖草苫,延长光照时间,必要时可采取补光措施。合理密植,适当整枝,及时抹去多余腋芽。随着果实的采收,摘除下部老叶、病叶,改善通风透光条件。坐果后清除附在果实上的花瓣,既有利于果实着色,又可预防灰霉病的发生。

（11）茄子果形异常

1）症状　茄子植株所结的果实为矮胖果、下部膨胀果、凹凸果等果形不正常的果实,也称劣果。

2）原因　茄子劣果与植株的营养状态有着密切的关系。植物激素、土壤、肥料等均会对果形异常造成明显的影响。

3）防治方法　使用植物生长调节剂,应注意在不同的温度条件下,使用不同的浓度。要注意保持土壤湿度适中。合理施用氮肥。供给足够的钾肥。

（12）茄子疯长

1）症状　茄子疯长,指在生长期间的非正常徒长。疯长会造成枝叶过旺,通风透光不良,植株开花少,落果多,产量低,品质差等。

2）原因　湿度过大,光照不足,氮肥施用过多均会造成疯长。

3）防治方法　控制苗龄,及时定植。控制氮肥的用量,采用深沟高畦栽培,促进根系生长。发现有疯长迹象时,采用深中耕的方法切断部分根系,控制生长。适时适量整枝打叶,搭架,使通风透光良好。用生长调节剂,如PBO、助壮素等进行喷施抑制植株生长。采用手捏囤苗法防治。确认疯长植株,从苗顶往下数,在第二叶下的节间处用两个手指轻轻一捏,使其发"响"出水,以减少植株向上的水分和养分的输送,抑制植株生长,待3～5天后捏过的伤口部分愈合成一个"疙瘩"后,再恢复正常生长。使用这种方法,可以有效地控制植株疯长,同时可以使植株之间生长整齐一致。

第四章　番茄设施栽培技术

第一节　地膜覆盖栽培技术

目前地膜覆盖栽培，已成为我国北方地区番茄早熟丰产栽培的重要技术措施之一，在番茄生产中广泛应用。

一、地膜选择

参照本书第二章第一节中"地膜选择"。但番茄对一些除草剂较为敏感，在选择除草膜时必须考虑番茄对除草剂的选择性，严格选择适用的除草膜。

二、整地施肥

1. **选地**　番茄丰产栽培以选择富含有机质、保水保肥、排灌良好、土层深厚的壤土或沙壤土为宜。番茄忌重茬地，适宜于中性或偏酸性土壤生茬地栽培。种过番茄、芝麻、油菜、茄子、辣（甜）椒、马铃薯、烟草等作物的地块，要间隔4～5年才能种植，以防病菌相互传染。

2. **整地**　地膜覆盖栽培番茄的地块，要秋耕冻垡，以消灭或减少土壤中的病菌、虫卵，改善土壤结构。地膜覆盖后，番茄根系在土壤中的分布范围比露地浅，只有提供深厚的土壤耕作层才有利于根系的发展。因此，地膜覆盖栽培的土地一定要深耕，秋耕一般在27厘米以上。深耕后要进行细耙，使畦土细面，无大坷垃及上茬作物耕茬；畦面平整，保证地膜能紧贴畦垄表面，防止地膜破损和膜下杂草丛生，影响地膜覆盖栽培充分发挥作用。同时，深耕可将前茬表土中的病原菌和虫卵翻埋到犁底层，有利于减少病虫的危害。地膜番茄根系分布浅，对环境反应敏感，不耐旱、不耐涝，必须精细整地。精细整地是保证地膜覆盖质量的基础。

定植前整地时土壤的墒情要适宜，缺墒要浇水。适宜的墒情，有利于保证盖膜的质量和提高土壤的温度，因此在早春应提前浇水造墒，然后细耕。

3. **施肥**　番茄需肥量及吸肥能力中等，但耐肥能力强，充足的矿物质营养是获得高产的保证。番茄不但需要大量的氮、磷、钾营养元素，还需要一定量的钙、镁、铁、硼等微肥。据测算，每生产5 000千克的番茄，约需吸收纯氮17千克、五氧化二磷5千克、氧化钾24千克。

地膜覆盖栽培的番茄根系浅，前期生长旺盛，从土壤中吸收的养分多，但覆盖地膜后追施有机肥不方便，追施速效性肥料的效果也差，所以地膜覆盖栽培要求在整地时一次性施足有机肥，或施入足够的缓效性复合肥，尽可能保证土壤养分在较长时间内满足番茄生长的需要。对肥力中等的菜田，在春季整地前亩施7 000千克以上腐熟的有机肥,同时基肥中亩混合施入过磷酸钙40~50千克、硫酸镁1~3千克、硫酸钾30千克。基肥总量的2/3全田普施,1/3集中沟施。

三、做畦与地膜覆盖

各地因温度、湿度、土质、风力等气候条件差异很大,栽培方式不同,所以覆盖形式就有较大差别。番茄主要覆盖形式有:平畦覆盖、龟背畦覆盖、遮天盖地式覆盖、小高畦覆盖、朝阳沟栽培法(阳坡垄沟覆盖)。前4种请参考第二章第一节相关内容。朝阳沟栽培法可在终霜前10天左右定植,适用于长江以北地区使用。具体做法是,在定植前10~15天做好垄,在定植垄的北侧起一高垄,垄宽50厘米,垄高为30~40厘米,宽25厘米用来挡西北风,幼苗定植在小高垄南侧畦面或浅沟里,上覆地膜,如图4-1所示。

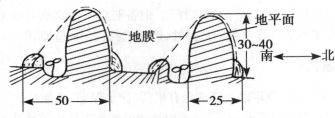

图4-1 朝阳沟栽培法(单位:厘米)

覆膜方法请参考第二章第一节相关内容。

四、品种选择

地膜覆盖栽培对品种无特殊要求,适用露地栽培的品种,一般都可以进行地膜覆盖栽培。但目前番茄地膜覆盖栽培主要是以提高地温、提早上市为目的,所以在选择品种时最好选用早熟或早中熟、抗病、耐低温和耐热、生长期较长的品种,同时考虑当地市场对番茄商品性的需求。

五、定植

1. 定植前的准备 定植前1~2天苗床浇1次"分家水",喷1次叶面肥+杀菌、杀虫农药。

2. 适时定植 番茄地膜覆盖栽培的定植日期可比露地栽培早几天,但一般不能超过10天,必须躲过晚霜和寒潮。定植过早易受冻害,缓苗慢,过晚影响产量。移栽苗要求根系发达,苗高20厘米左右,有80%以上植株现蕾,这样不但能提高成活率,而且可保证早发棵、早开花、早结果。

虽然番茄苗定植的生理适期为现蕾期,但具体定植日期还须结合当地温度条件而定。定植应在当地晚霜过后,地温稳定在13~15℃时进行,不能定植过早,否则温度过低,且易受冻。就全国而言,广东、广西在2~3月定植,湖南在3月上旬定植,长江中下游地区宜在清明前后定植,华北一带,一般于4月中下旬定植,东北地区的辽宁在 5 月上中旬定植,而黑龙江要到 5 月下旬至 6 月上旬才能定植。

3. **定植技术** 在事先做好的垄(畦)上,按大垄双行单株栽苗,早熟品种株距 26～30 厘米,亩栽 4 400～5 000 株,中晚熟品种株距 33～40 厘米,亩栽 3 300～4 000 株。其他定植技术请参考第二章第一节相关内容。

六、定植后的管理

番茄虽喜温、喜肥、喜水,但不抗高温,不耐浓肥。在生产管理上,应根据番茄不同生长发育时期的特点,做到定植后促根发秧,盛果期促秧攻果,后期保秧保果促优质。

1. **查苗补栽** 请参考第二章第一节相关内容。

2. **肥水管理** 移栽定植后,因地温低,根系少而弱,此时管理重点是增温保墒,促根生长。进入结果期,应保持土壤不干不湿,攻棵保果,争取在高温季节到来之前封垄。如果长势不好,要抓紧进行第二次追肥,并揭去地膜,结合追肥进行 1 次中耕除草。

(1)水分管理 请参考第二章第一节相关内容。

番茄生长的前期,由于植株较小,需水量少,以及地膜覆盖可减少土壤水分的蒸发,所以定植后浇水量比无地膜覆盖露地栽培的少,防止浇水过多引起地温下降。平畦栽培在缓苗后轻浇 1 次水,然后进行蹲苗。高垄栽培的缓苗以后根据土壤墒情,可在膜下浅沟内浇水 1～2 次;等第一穗番茄坐果后(鸡蛋黄大小时)开始浇水,在植株生长进入盛果期(第三花序坐果)后,要加强浇水。以后根据植株生长情况和天气变化,采取小水勤浇的方法进行浇水。其他水分管理技术请参考第二章第一节相关内容。

(2)追肥 地膜番茄生育期长,生长量大,产量高,只靠基肥不能满足整个生长期的需要。在施足氮、磷、钾肥和有机基肥的前提下,追肥也不能忽略磷、钾肥。氮肥过多能使植株徒长,引起各种病害。另外,追肥必须与浇水结合,以免产生肥害。要少施勤施,即"少吃多餐",在施肥数量上掌握"两头少中间多"的原则,尽量做到及时合理。

1)追肥时期及数量 栽后 10 天左右是返苗期,亩可施尿素 8 千克,并浇 1 次小水促苗迅速生长,建成丰产骨架。番茄在第一穗果实坐果后至采收前,是追肥的关键时期。当第一穗果长到鸡蛋黄大小时,结合浇水进行花果期第一次追肥,亩可随水浇腐熟粪稀 2 000 千克左右或硝酸磷肥 15 千克 + 钾肥 8～10 千克。以后每坐稳一穗果追 1 次肥,追肥配合浇水进行。

2)追肥方法

A. 根际追肥。请参考第二章第一节相关内容。

B. 叶面追肥。番茄叶面具有吸收营养的功能,向叶片喷施速效肥的施肥方法叫叶面追肥,也有人称为根外追肥。叶面追肥可增强营养,延长叶片寿命,促进生长发育,防止落花、落果,增强植株抗病能力,因而既能增产又能防病,是生产上增产增收的有效措施。在不良环境条件下（如日光温室冬季番茄生产）进行叶面追肥，是必须采用的增产增收措施。

叶面追肥最好在露水见干的上午或蒸发量较小的下午进行，防止叶面肥在叶片迅速干燥，影响植株吸收。叶面追肥不要在烈日当头的中午进行。露地番茄在刮风天、下雨天不宜追肥。叶面追肥可选用 0.2% ~0.4% 磷酸二氢钾或 500 倍液的复合微肥，或碧护植物健生素 500 倍液。目前各类叶面肥和激素很多，应根据使用说明正确使用，最好能交替使用。

缓苗期每天在叶面用 0.2% 磷酸二氢钾加 0.1% 尿素溶液喷雾，不但能促使缓苗，又有利于发根，而且能增加产量。结果期向叶片上喷肥料，可弥补土壤施肥不足，不但肥效快，而且肥料利用率高，是丰产栽培的一项重要追肥方法。在盛花期可以喷 200 ~300 倍硼砂水溶液来提高坐果率。在整个生长期多次喷洒尿素 300 倍液，磷酸二氢钾 500 ~800 倍液，有明显的保花保果效果，一般能增产 10% 左右。喷肥可与喷药防治病虫害结合进行，以减轻劳动量。

在番茄整个生育期内，可用于番茄叶面追肥的肥料种类、用量与用法见表 4 - 1。

表 4 - 1　番茄叶面追肥的肥料种类、用量与用法

名称	50 千克水中加入量（克）	肥效	用法
细糠、麦麸	5 000 ~6 000	多种营养	浸泡 24 小时后喷施
尿素	150 ~250	氮肥	溶化后喷施
过磷酸钙	2 000 ~2 500	磷肥	开水浸泡 24 小时后喷施
氧化钾	250 ~500	钾肥	溶化后喷施
志信叶圣	50 ~100	钾肥	溶化后喷施
钼酸铵	5 ~6	微肥钼	溶化后喷施
硼酸	5 ~10	微肥硼	溶化后喷施
硫酸锰	16	微肥锰	溶化后喷施
硫酸锌	44	微肥锌	溶化后喷施
磷酸二氢钾	200 ~250	磷、钾肥	溶化后喷施
志信钙硼钙	50 ~150	钙、硼肥	溶化后喷施
志信锌	50 ~100	锌肥	溶化后喷施
志信铁	50 ~100	铁肥	溶化后喷施
碧护	2 ~3	刺激生长	稀释后喷施

3. **植株调整** 在番茄栽培中通过植株调整来控制茎叶营养生长,促进花及果实发育,是获得高产高效益的关键技术之一,也是挖掘植株内在增产潜力的有效方法。对番茄植株进行适宜的植株调整,可以提高坐果率,提早成熟,增加单果重,提高果实整齐度,果实发育及着色良好,可以明显增加产量和改善品质。番茄植株调整主要是通过打杈、摘心等操作来进行,不同的打杈、摘心方式形成了各种不同的整枝方法。

(1)整枝 常用的番茄整枝方式,如图4-2所示。

1)单干整枝 单干整枝法是目前番茄生产上普遍采用的一种整枝方法。单干整枝每株只留一个主干,把所有侧枝都陆续摘掉,主干也留一定果穗数摘心。打杈时一般应留1~3片叶,不宜从基部掰掉,以

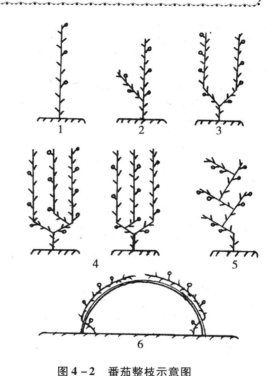

图4-2 番茄整枝示意图
1. 单干整枝 2. 改良式单干整枝 3. 双干整枝
4. 三干整枝 5. 连续摘心换头整枝
6. 倒"U"形整枝

防损伤主干。留叶打杈还可以增加植株营养面积,促进生长发育,特别是附近果实的生长发育。摘心时一般在最后一穗果的上部留2~3片叶,否则这一果穗的生长发育将受到很大影响,甚至引起落花、落果或果实发育不良,产量、品质显著下降。单干整枝的优点是适合密植栽培,早熟性好,技术简单易掌握。缺点是用苗量增加,提高了成本,植株易早衰,总产量不高。

2)改良式单干整枝(一干半整枝) 在主干进行单干整枝的同时,保留第一花序下的第一侧枝,待其结1~2穗果后留2~3片叶摘心。改良整枝法兼有单干和双干整枝法的优点,既可早熟又能高产,生产上值得推广。

3)双干整枝 双干整枝是在单干整枝的基础上,除保留主干外,再选留一个侧枝作为第二主干结果枝。一般应留第一花序下的第一侧枝。因为根据营养运输由"源"到"库"的原则和营养同侧运输,这个主枝比较健壮,生长发育快,很快就可以与

第一主干平行生长、发育。双干整枝的管理与单干整枝的管理相同。双干整枝的优点是节省种子和育苗费用,植株生长期长,长势旺,结果期长,产量高。缺点是早期产量低,早熟性差。

4)三干整枝 在双干整枝的基础上,再留第一主干第二花序下的第一侧枝或第二主干第一花序下的第一侧枝作第三主干,这样每株番茄就有了3个大的结果枝。这种整枝法在栽培上很少采用,但在番茄制种中有所应用。

5)连续摘心换头整枝

A. 两穗摘心换头整枝。当主干第二花序开花后,在其上留2~3个叶片摘心。主干就叫第一结果枝。保留第一结果枝第一花序下的第一侧枝作第二结果枝。第二结果枝第二花序开花后,在其上留2~3个叶片进行摘心,再留第二结果枝上第一花序下的第一侧枝作第三结果枝,依此类推,每株番茄可留4~5个甚至更多的结果枝。对于樱桃番茄和迷你番茄等小果型品种,也可采用三穗摘心换头整枝法。应用这种整枝法要求肥水充足,以防早衰。

B. 换头再生整枝。

a. 从基部换头再生,在头茬最后一穗果采收后,把植株从靠近地面10厘米左右处剪掉,然后加强肥水管理,大约10天即发新枝,选留一个健壮的枝条,采用单干整枝法继续生产。此方法头茬果和二茬果采收间隔时间较长,有70天左右。

b. 从中部换头再生。当主干上第三花序现蕾以后,上面留2~3片叶摘心。同时选留第二和第三花序下的第一侧枝进行培养,并对这两条长势强壮的侧枝施行"摘心等果"的抑制措施,即侧枝长出后留一片叶摘心,侧枝再发生侧枝后,再留一片叶摘心,一般情况下如此进行2~3次即可。待主枝果实采收50%~60%时,引放侧枝,不再摘心,让其尽快生长,开花结果。此时所留两条侧枝共留4~5穗果后摘心,其余侧枝均打掉。

c. 从上部进行换头再生。当第一穗果开始采收时或植株生长势衰弱时,同时引放所有侧枝,并暂时停止摘心或打杈。一般引放3~4个侧枝,这些侧枝并且主要分布在第二穗果以上,以避免植株郁闭和通风透光不良。当几乎所有植株都已引放出侧枝时,每个植株选1~2个长势强壮、整齐、花序发育良好的侧枝作为新的结果枝继续生产,其余侧枝留一片叶摘心。新结果枝一般留2~3穗果后,留2~3片叶摘心。新结果枝再发生侧枝应及时摘除。

6)倒"U"形整枝 结合搭弓形架,先把番茄按单干整枝整理,然后绑到架上。弓形架最高点与番茄第三穗果高度基本一致,这样,番茄植株上部开花结果时,上部花穗因为弓形架高度的降低而降低,从而改善它的营养状况,提高了上部果穗的产量、品质。使用这种方法也要经常去老叶、病叶,以防植株郁闭,影响通风透光。

7)番茄整枝中应注意的问题 对于病毒病等感病植株应单独进行整枝,避免人为传播病害;整枝时应先健株后病株,并经常用肥皂水洗手;植株上不作结果枝的侧枝不宜过早打掉,一般应留1~2片叶制造养分,辅助主干生长;打杈、摘心应选晴天下午进行,以利伤口愈合,不要在雨天或露水未干时进行整枝,防治病原菌感染;结合整枝应进行绑蔓及植株矫正,及时摘除老叶、病叶及失去功能的无效叶。

(2)打杈 在番茄的栽培中,除应保留的侧枝外,将其余侧枝全都摘除的操作过程,叫打杈。如图4-3所示。

图4-3 打杈

温馨提示

科学打杈是番茄高产栽培中非常重要的一环。然而,很多菜农对这一环节缺乏足够的重视,从而引起一系列的不良后果。所以应加以重视,并在打杈时要注意以下事项。

☞ 注意杈的生长速度,做到适时打杈。菜农的做法往往是杈无论大小,见了就打。当然,打杈过晚,消耗养分过多,会影响坐果及果实膨大。但是,在番茄生长前期,植株营养同化体积较小,打杈过早,影响根系的生长发育,造成生长缓慢,结果力下降。这在早熟品种及生长势弱的品种上表现愈加明显。正确的做法应该是,待杈长到7厘米左右时,分期、分次地摘除。对于植株生长势弱的,必要时应在杈上保留1~2片叶再去打杈心,以保障植株生长健壮。

☞ 把握好打杈的时间。在一天中,最好选择晴天高温时刻进行打杈。早晨打杈产生伤流过大,造成养分的流失;中午温度高,打杈后伤口愈合快,且伤流少;如果16时以后打杈,夜间结露易使伤口受到病菌侵染。

☞ 打杈前做好消毒工作,防止交叉感染。因人手特别是吸烟者的手往往带有烟草花叶病毒及其他有害菌,如消毒不彻底极易引起大面积感染。所以,在进行操作前,人手、剪刀要用肥皂水或消毒剂充分清洗。在打杈时,要有选择性,即先打健壮无病的植株,后打感病的植株。打下来的杈残体要集中堆放,然后清理深埋,切忌随手乱扔。

☞ 适当留茬。很多菜农在打杈时将杈从基部全部抹去。这种做法的缺点在于,一旦发生病菌侵染,病菌很快沿伤口传至主干,且创伤面大,不利伤口愈合。正确的做法应该是打杈时在杈基部留1~2厘米高的茬,既能有效地阻止病菌从伤口侵入主干,又能使创面小,有利伤口愈合。

（3）掐尖　也叫摘心。就是说当番茄植株生长到一定高度时，将其顶端摘除。它是与整枝相配合的田间管理措施。通过摘心可以减少养分的消耗，使养分集中到果实上。摘心的早晚应根据番茄植株的生长势而定。如植株生长健壮可延迟摘心，生长瘦弱可提早摘心。一般在拔秧前40天，顶端第一花序开花时进行。对早熟品种或早熟栽培，一般有4~5个花序后可摘心，而晚熟品种要5~6个花序才可摘心。摘心时，顶端花序上面应留2片真叶，以防果实发生日灼病。

（4）疏花疏果　番茄为聚伞花序或总状花序，每穗花数较多，如气候适宜，授粉受精良好，坐果较多，而鲜食品种常为大中型果。由于结果数太多而养分不足，常使单果重减轻，碎果、畸形果增多，影响商品质量和经济效益。所以，每穗果实坐果以后要进行疏果，将碎果、畸形果等摘去。一般大果型品种留果2~3个，中果型品种3~5个，小果型品种5~10个即可。但如果是加工品种或者是樱桃番茄，因果型较小，每个果实都能长成，大小比较均匀，就可以不疏果。

番茄一般不疏花。但有些品种在早春低温下，第一花序的第一朵花常畸形，表现为萼片多，花瓣多，花柱短而扁，子房畸形，这样的花坐果发育后容易形成大脐果或畸形果，所以，应及时摘除，以提高果实的商品品质。

（5）打老叶　保护地栽培的番茄，在果实膨大后下部叶片已经衰老，本身所制造的养分已经没有剩余，甚至不够消耗，应及时摘除下部老叶、黄叶，增加通风透光，促进果实发育。一般打老叶的时期是第一穗果放白时，这时就应把果穗下的老叶全部去掉。摘除的老叶应及时予以深埋和烧毁。

（6）插架绑蔓　番茄的架型因品种和整枝方式不同而异，有限生长型品种多采用篱架形式，无限生长型番茄栽培一般采用"人"字形架。搭架要求架材坚实，插立牢固，严防倒伏。搭架后及时绑蔓，绑蔓可用稻草、麻绳、塑料绳、布条等，绑蔓时应呈"8"字形把番茄蔓和架材绑在一起，防止把番茄蔓和架材绑在一个结内而缢伤茎蔓，如图4-4所示。

图4-4　番茄上架与绑蔓

4. 中耕与除草　请参考第二章第一节相关内容。

5. **地膜留去与覆草** 前期在田间操作时,一定要小心,尽量避免损坏薄膜,一旦发现薄膜破裂,要及时用土压严。进入 7 月高温季节后,番茄田已封垄,可结合除草去除薄膜,或在其上覆盖秸秆等,以降低地温。

6. **保花保果防早衰**

(1)番茄落花、落果的原因 番茄除因发生各种病害、虫害造成落果外,一般落果现象较少,而落花现象比较普遍。

1)体内生长激素失衡 番茄落花主要与植物体内的生长激素含量有关。如果环境条件及营养条件适宜,番茄花的发育及授粉受精正常时,果实的发育也正常,这时体内生长激素的形成量不断增加并维持较高水平,一般不产生落花现象。如果环境条件及营养条件不适宜,授粉受精不正常,花和果实的生长发育就会受到影响,这时体内生长激素水平则较低易产生落花现象。从外部形态上看,番茄落花的部位是在叶柄中部的离层处。

2)不良的生态条件 生态条件虽然不是造成番茄落花、落果的直接原因,但在栽培上若进行严格控制,使番茄生长发育良好,则保花保果率显著提高。在不良生态条件下,采用人工辅助授粉和生长素(番茄灵等)处理,保花保果率可显著提高。

3)环境条件 季节不同、栽培形式不同,番茄落花、落果的原因不尽相同。冬春茬番茄栽培中低温(13℃以下)和气温骤变是引起落花、落果的主要原因。越夏番茄栽培高温(30℃以上)和干燥(或降水)是引起番茄落花、落果的主要原因。不论哪种栽培形式,栽培技术不当,如栽植密度过大,整枝打杈不及时,管理粗放等都会引起落花、落果。

4)品种 番茄生产中有时出现植株长得高大、粗壮,叶深绿肥厚,只开花不结果的"寡妇棵"现象。这种植株在田间的出现率很小,在杂种中的出现率比常规品种高 3～5 倍。发生这种现象的原因有两种可能,一种是多倍体,一种是不孕系。如果是不孕系有可能是生理不孕,也可能是遗传不孕。生产上一旦出现这种植株应及时拔除。育种工作者一旦发现这种现象,可进行自交、杂交,有可能发现有用的自交系。

(2)番茄落花、落果对产量的影响 番茄没有花果就没有产量,一般生产上落花率为 15%～30%,有时高达 40%～50%。落花、落果大部分出现在第一花序或第二花序。高架多穗果栽培上部花序落花、落果也比较严重。

(3)防止番茄落花、落果的主要技术措施

1)适时定植 避免盲目早定植,防止早春低温影响花器发育。定植后白天温度应保持在 25℃,夜间在 15℃,促进花芽分化。

2)加强肥水管理 干旱时及时浇水,积水时应排水,保证植株有充分营养。

3)激素处理

A. 涂抹法。应用 2,4 - D 处理,适宜浓度为 10～20 毫克/千克。高温季节取浓度下限,低温季节取浓度上限。首先根据说明将药液配制好,并加入少量的红或蓝色染料做标记,然后用毛笔蘸取少许药液涂抹花柄的离层处或柱头上。这种方法需一朵一朵地涂抹,比较费工。2,4 - D 处理的花穗果实之间生长不整齐,成熟期相差较大。使用2,4-D时应防止药液喷到植株幼叶和生长点上,否则将产生药害,如图4-5所示。

图4-5 番茄抹花

B. 蘸花法。应用番茄丰产剂2号或番茄灵时可采用此种方法。番茄丰产剂2号使用浓度为20~30毫克/千克,番茄灵使用浓度为25~50毫克/千克,生产上应用时应严格按说明书配制。将配好的药液倒入小碗中,将开有3~4朵花的整个花穗在激素溶液中浸蘸一下,然后用小碗边缘轻轻触动花序,让花序上过多的激素流淌在碗里。这种方法防落花、落果效果较好,同一果穗果实间生长整齐,成熟期比较一致,也省工、省力。

C. 喷雾法。应用番茄丰产剂2号或番茄灵也可采用喷雾法。当番茄每穗花有3~4朵开放时,用装有药液的小喷雾器或喷枪对准花穗喷洒,使雾滴布满花朵又不下滴。此法激素使用浓度及效果与蘸花法相同,但用药量较大。

> **温馨提示**
>
> 配制药液时不要用金属容器。溶液最好是当天用当天配,剩下的药液要在阴凉处密闭保存。配药时必须严格掌握使用浓度,浓度过低效果较差,浓度过高易产生畸形果。蘸花时应避免重复处理。药液应避免喷到植株上,否则将产生药害。坐果激素处理花序的时期最好是花朵半开至全开时期,从开花前3天到开花后3天内激素处理均有效,过早或过晚处理效果都降低。在使用坐果激素时,应加强生态条件的管理。

4)番茄人工辅助授粉 番茄花粉在夜温低于12℃时、日温低于20℃时,没有生活力或不能自由地从花粉囊里扩散出去。如果夜温高于22℃、日温高于32℃,也会发生类似情况。有些品种花柱过长,在开花时因柱头外露,而不能授粉。番茄植株有活力的发育良好的花粉,通过摇动或振动花序能促进花粉从花粉囊里散出,并落到柱头上,从而达到人工辅助授粉的目的。摇动花序或支柱的适宜时间为 9~10 时。当花器发育不良、花粉粒发育很少时,同时采用振动花序和激素的方法,比单独使用激素处理,保花保果效果更好。激素要在振动花序 2 天后处理,否则会干扰花粉管的生长。如果植株没有有生命力的花粉产生,那就必须采用激素处理。

番茄露地栽培时,人工辅助授粉要摇动整个植株,以利于花粉扩散。也可用高压背负式喷雾器喷清水或结合根外追肥进行喷雾振动。以色列农业工程火山研究所发明一种拖拉机牵引的脉冲喷气振动器,用这种振动器在花发育时,每隔 4~7 天振动1 次,可使番茄结果数增多,总产值增加 15%,高者可达 20%。

番茄设施栽培时,人工辅助授粉可通过摇动或振动架材来振动植株,以促进花粉授精。也可以通过人来回走动来带动植株,或用高压喷雾器进行喷雾振动。在人工辅助授粉的基础上,如果保花保果困难,则要使用坐果激素处理花序。番茄保花保果应注重正常的授粉受精,乱用坐果激素将影响品质。

5)加强番茄花期栽培管理 番茄保花保果除了培育壮苗、花期人工辅助授粉以及使用坐果激素等措施外,还要加强花期的栽培管理。番茄开花的适温为 25~28℃,一般在 15~30℃时均能正常开花结果。如果温度低于 15℃或高于 33℃番茄就容易落花、落果。

番茄是强光植物,光照不足也会造成落花、落果。开花期土壤不能干燥,要湿润,空气湿度也不能过高或过低。高温干燥或低温高湿及降水易引起落花、落果。开花期一般不灌大水。番茄是喜肥作物,要保证肥水充足。番茄从第一果穗坐果始,营养生长和生殖生长同时进行,如果植株体内营养供应不足,器官之间就会为养分竞争,易使花序之间坐果率不均衡。栽培上可通过疏花疏果、整枝打杈、摘叶摘心等措施,人为调整其生长发育平衡,以促进保花保果。开花期除上述栽培管理外,根外喷施磷酸二氢钾或植保素等叶面肥也有利于保花保果。花期二氧化碳施肥,也可提高坐果率。开花期还应注意病虫害防治。

(4)防止番茄植株早衰

1)番茄植株早衰的症状 植株叶片薄而且小,色淡绿,上部茎细弱,且色淡,下部叶片黄化,花器小,即使使用生长调节剂处理,也不能坐果或坐果少,且果实小。

2)发生的原因 品种不适宜,前期徒长,施肥方法不合理,整枝留果不合理,对病害轻防重治导致病害蔓延。

3)预防措施

A. 选择适宜品种。选择生长势强、适应性广、抗病、无限生长类型的中晚熟品种。

B. 挖定植沟深施基肥。做法是大小行定植,小行距 40~50 厘米,大行距 90~100 厘米。在计划定植小行距的两行位置上,挖 80 厘米宽、90 厘米深的定植沟。挖沟时,两边放土以防乱层。将总施肥量的 1/3 施入沟底,拌匀后回填下层土至 60 厘米深处,再将总施肥量的 1/2 施入沟内,与下层土拌匀,最后将上层土和余下的肥料混匀填入沟内,拍平压实。在定植沟上按小行距开沟定植。缓苗后,培土成垄,覆盖地膜。

C. 栽前造墒,预防徒长。定植前墒情重时,应耕翻土地晒垡散湿,并防再度雨淋;可移动营养钵,加大株间距离,囤苗待栽。未用营养钵的,应切块、移块囤苗。直至土壤墒情适宜时定植。土壤墒情很低时,应结合定植沟回填土及施肥,浇水造墒。一般与回填土相应浇2次造墒水,浇水量宜少。

D. 适墒定植,浇足定植水,缓苗后逐步起垄盖地膜。基本能保证第一穗果呈鸡蛋大小之前不用浇水,对于防止前期徒长非常有利。

E. 换头整枝,计划留果。整枝时,将第二穗果下部的一个侧枝留2片叶摘心(主侧枝),如其叶腋再生侧枝,同样留2片叶摘心,其余侧枝全部摘除。主蔓留3穗果,第三穗开花时,留2片叶摘心。待主蔓的第三穗果基本成形时,将所留侧枝放开生长,并将主蔓基部叶片摘去,促进侧枝生长和主蔓果着色。主侧枝开花坐果后,再在第二穗果下部留侧枝(次侧枝),主侧蔓留2~3穗果后打顶。以后每隔2~3穗果换1次头。每穗留3~4个果,多余的花特别是畸形花和果全部摘除。使用生长调节剂处理计划留的花,保证每朵花都坐果,每个果都形正个大、商品性好。

F. 防病为主,治病及时,采取综合措施预防病害。种子进行消毒处理;育苗用营养土要用至少3年未种过茄科作物的土壤,有机肥要经过堆沤腐熟;苗床撒药土防病;定植沟内及垄面撒药土,一般亩用1.5% ~2.0%百菌清或甲基硫菌灵混合干细土15~20千克;定植后,每隔15~20天用1次药,代森锰锌、百菌清、杀毒矾等几种药剂交替使用。阴雨天或浇水后,要用百菌清烟雾剂熏蒸。注意放风排湿,及时处理病残体,蘸花用药配好后加入0.2%扑海因等杀菌剂。

七、番茄催熟

1. **植株用药催熟** 在果实进入绿熟期以后,可用200倍液的过磷酸钙浸出液喷果实及整个植株,能促进果实早熟2~4天。用40%乙烯利水剂500~1 000毫克/千克喷或浸蘸进入绿熟期的果实,可早熟7~10天,但不能把药液喷到细嫩的茎、叶上。

2. **拢秧增加光照** 当第一果穗进入绿熟期、第二果穗也接近进入绿熟期时,可把秧子拧拢在一个垄沟,让植株充分受到光照。这样,第一穗可提前3~4天成熟,第二穗也可提前更多时间。此法适于早熟有限生长类型品种,或复种秋菜的番茄地。

3. **采摘后催熟** 果实采收后放到温度较高的室内或温床、温室、大棚内,可加速成熟。也可将1 000~4 000毫克/千克的乙烯利溶液盛在大容器内,把果实放入浸蘸一下取出。在20~30℃条件下经2~4天,果实即可转红,能提前成熟3~6天。

4. **番茄催红四不宜** 番茄因气温达不到番茄红素生长的要求迟迟不能转红,采用株上药剂催红可促进番茄提前上市。在催红过程中,处理不当会抑制植株的生长,有的还会造成药害。因此,使用药剂催红时应注意:

(1)催红不宜过早 一般果实充分长大、果色发白变成炒米色时,催红效果最好。如果实处于青熟期、未充分长大便急于催红,易出现着色不匀的僵果现象。

（2）药剂浓度不宜过高　番茄催红药液浓度过高会伤害基部叶片,使叶片发黄。通常用40%乙烯利水剂50毫升加水4千克,充分混合均匀后使用。

（3）催红果实数量一次不宜太多　单株催红的果实一般每次1～2个为好,因为单株催红果实太多,受药量过大,易产生药害。

（4）催红药液不能沾染叶片　在催红过程中用药要仔细操作,可用小块海绵浸取药液,涂抹果实表面,也可用棉纱手套浸药液后,套在手上均匀轻抹果面。注意乙烯利有腐蚀性,不能用手直接接触,切记一定要在棉纱手套内戴橡胶手套,以防烧伤。

八、适时采收

采收番茄时,应根据采后不同的用途选择不同的成熟度。用于长期储藏或长距离运输的番茄应选择在绿熟期采收,因为这种成熟度的果实抗病性和抗机械损伤的能力较强,而且需要较长一段时间才能完成后熟达到上市标准,即食用的最佳时期。短期储藏或近距离运输可选用转色期至半熟期的果实。立即上市出售的果实则以半熟期至坚熟期为好,因为这时果实即将或开始进入生理衰老阶段,已不耐储藏,但营养和风味较好,故宜鲜食。而完熟期的果实含糖量较高,适宜作加工原料。

1. **番茄果实采收的标准**　早春当地市场销售,一般要求果实全着色比较适宜。假如长途外运,采收时着色的标准就要低一些。

2. **采收的最佳时间**　采收的时间最好是在早晨。试验表明,早晨采收的番茄在上市或运输过程中,损耗最小,24小时50千克损耗600克左右;下午采收的损耗最大,可以达到2 000克以上。据研究,8时以前采的番茄果实温度最低,自身呼吸量最小;下午采收后,由于温度原因番茄自身呼吸量最大。由此推断番茄果实的损耗就是呼吸作用释放了自身的水分或分解了自身储存的有机物。

九、番茄的储运与保鲜

1. **选择耐储藏的品种**　番茄储藏期的长短和损耗率与品种的关系极为密切。不同番茄品种的储藏性、抗病性有很大差异,以储运为目的的番茄应选用抗病性强、果皮较厚、果肉致密、果实硬度较高、水分较少、干物质含量高、心室少或心室多而肉较硬的品种。一般加工型品种、某些微型番茄品种(樱桃番茄)比鲜食大果型品种较耐储藏,晚熟品种比早熟品种耐藏,呼吸强度低的品种较耐藏。

2. **采前管理**　在不同栽培季节、不同栽培地区、不同栽培管理措施条件下,同一品种果实耐藏性也有差异。用于储藏的番茄生产田,应适当控制氮肥用量,增加磷、钾、钙肥比例。后期控制灌水,以增加干物质含量和防止裂果。注意及时整枝打杈、疏,防止果实过小和空果。雨后或灌水后不能立即采收,否则储藏期间易腐烂。晚秋要随时注意天气变化,防止突然降温,造成冻害和冷害。

3. **采前防病虫**　对蛀果害虫如棉铃虫等以及造成果面煤污的白粉虱等要提前及时防除。对早疫病、晚疫病,应坚持定期喷药,采前7～10天喷25%多菌灵可湿性粉剂加40%乙膦铝可湿性粉剂(简称多乙合剂),其储后病害可降低38%。

4. 使用代谢调节剂 据江苏省农业科学院试验,田间喷施 0.4% 氯化钙和 0.6% 硝酸钙各 4 次,以及亩施氧化钙 254 克,储后同期好果率较对照提高 2.5% ~ 13.96%,而且亩产量也提高 6.29% ~ 15.59%,其中以施硝酸钙的效果最佳,可明显推迟番茄后熟和延长储藏寿命。

5. 高温季节番茄保鲜技术 首选果肉厚实、果形周正、无病害、无开裂、无损伤的青熟果。在采摘、装箱和运输装卸过程中,都应轻拿轻放。最好从植株上采摘下来就直运仓库,以减少运输和中间环节,避免不必要的机械损伤。

(1)简易储藏 夏秋季节利用地窖、通风库、地下室等阴凉场所储藏番茄,箱或筐存时,应内衬干净纸或 0.5% 漂白粉消毒的蒲包,防止果实碰伤。番茄在容器中一般只装 4 ~ 5 层,包装箱码成 4 个高,箱底垫枕木或空筐,要留空隙,以利通风。入储后,夜间应经常通风换气,以降低库温。储藏期间,应 7 ~ 10 天检查 1 次,挑出腐烂的果实。此方法 20 ~ 30 天后果实全部转红。秋季如果将温度控制在 10 ~ 13℃,可储藏 1 个月。

(2)盖草灰土储藏法 在储藏室或窖内,铺一层筛细的草灰土,摆一层番茄,撒一层草灰土,堆 5 ~ 6 层,最顶上和四周用草灰土盖住,再用塑料薄膜封严实。如用箱或筐装番茄,一层果一层草灰土装好,再用塑料薄膜封严实,每 7 ~ 10 天放气 1 次。

(3)塑料帐气调储藏 将装好的番茄堆码在窖或通风库中,用塑料薄膜将码好的垛封住口成为塑料帐。利用番茄本身的呼吸作用,使塑料帐内的氧气逐渐减少,而二氧化碳逐渐增加,来减弱番茄的呼吸作用,以延长储藏期。在储藏期间,每隔 2 ~ 3 天将塑料帐揭开,擦干帐壁上的小水滴,过 15 分左右重新套上,封住口,以补充帐内新鲜空气,避免番茄得病腐烂。每隔 10 ~ 15 天翻垛检查 1 次,挑出病果。用这种方法,一般可储藏 30 天。

(4)薄膜袋储藏 将青番茄轻轻装入厚度为 0.04 毫米的聚乙烯薄膜袋(食品袋)中,一般每袋装 5 千克左右,装后随即扎紧袋口,放存阴凉处。储藏初期,每隔 2 ~ 3 天,在清晨或傍晚,将袋口拧开 15 分左右,排出番茄呼吸产生的二氧化碳,补入新鲜空气,同时将袋壁上的小水珠擦掉,然后再装到袋中,扎好密封。一般储藏 7 ~ 15 天,番茄将逐渐转红。如需继续储藏,则应减少袋内番茄的数量,只平放 1 ~ 2 层,以免压伤。番茄红熟后,将袋口散开。采用此法时,还可用嘴向袋内吹气,以增加二氧化碳的浓度,抑制果实的呼吸。另外,在袋口插入一根两端开通的竹管,固定扎紧后,可使袋口气体与外界空气自动调节,不需经常打开袋口进行通风透气。

6. 低温季节番茄保鲜技术

(1)室内储存 在果实红熟前,可用普通地膜、报纸、塑料筐包装后,置 8℃ 以上环境条件下储存,等果实红熟后再把温度降到 5 ~ 7℃ 保存。此方法简便、经济、实用,尤其适合中小规模储存。

(2)室内缸存 选直径 1 米、高度 1.5 米左右的缸,洗刷干净,用 0.5% ~ 1% 的漂白粉消毒,缸底铺上麦秸,然后一层一层摆放。摆满后用塑料薄膜封口,膜两边各留一个小孔。一般 15 ~ 20 天打开检查倒缸 1 次。

第二节　春季中小拱棚栽培技术

番茄早春中小拱棚栽培是投资小、见效快的一种生产模式,长江以北地区普遍采用。在中原地区,产品从 4 月 20 日开始上市,一直供应到 6 月 10 日左右,市场的价格都不错,亩产量可达 5 000 千克,经济效益在 6 000 元以上。由于番茄生产中这种模式的投入少、产出多,目前的栽培面积要大于日光温室与塑料大棚。

一、对设施的要求

春季中小拱棚生产季节,长江以北正处于冬春换季时节,南北冷暖气流强弱不平衡,经常处于拮抗状态,形成了冷暖交替、风向多变的多风季节,因此对中小拱棚的建造要求可参照本书第二章第二节有关内容。

二、品种选择

春季中小拱棚生产宜选择较耐低温、抗病性强的早熟和中早熟品种。同时还要考虑产品销售市场对番茄商品性的要求。

三、培育壮苗

1. *培育适龄壮苗*　首先要把握好播种期,早春小拱棚番茄育苗,为了抢"早",不少人盲目提早育苗,经常出现早种不早收的现象,甚至有的遇到倒春寒年份,会出现多次育苗不成苗的被动现象。

2. *炼苗*　番茄育苗时间讲究适宜温度,在温室的苗床上没有经过风雨吹打的番茄苗,抗逆能力很差,必须经过炼苗。炼苗的好坏是番茄早春中小拱棚栽培成败的关键。

四、整地施肥

参照本书本章第一节有关内容。

五、适时定植

番茄在定植前 7 天就要扣好棚膜提高地温。定植时在定植沟内靠两边挖穴栽苗,株距 30 厘米(亩定植 4 000 株左右)。定植后随机把地膜覆盖在栽培沟上,盖好小拱棚棚膜后,再进行浇水。这种栽培模式叫一膜两用,起到先盖天、再盖地的双重效果。

1. **适龄定植**　番茄早春小拱棚栽培,要求提早上市,所以,必须大苗定植。一般达到 70~85 天苗龄,番茄苗子的真叶 7 片左右,每株都带有花蕾,经过充分的锻炼以后就可定植。

2. **适时定植**　早春小拱棚定植的时间根据上述计算的方法确定以后,为了更准确和保险,还要进行物候期的对照。根据对各地物候期参照物的观察,一般在柳树吐絮、梨花或泡桐花盛开之际,小拱棚番茄才可定植,绝不能盲目提早。

3. **合理密植**　早春小拱棚番茄由于生育时间短,市场的前期价格比较高。从经济效益出发,抓好前期产量就是最大的成功。经过多年的市场价格统计,在 5 月 20 日以前,番茄市场价格都比较好,平均在 2 元/千克以上。必须抓住 5 月 20 日以前的产量。为了提高前期产量,就要加大定植密度。根据试验,前期产量最高的密度必须达到 4 000 株。每株采收 2~3 穗番茄以后,田间密度过大时,采取"留一去一"间拔措施。这样不但提高了前期产量,中后期也不会减产。

六、定植后的管理

小拱棚番茄定植以后,要浇足压根水,3 天内密闭不放风,促进根系伸长和加快缓苗。经测试,在 14 时外界温度最高时,小拱棚内的空气温度可以达到 40℃。不要急于降温,维持 3 天以后再进行适宜温度管理。

1. **中小拱棚温、湿度调节**　中小拱棚番茄的温、湿度管理很重要。目前栽培普遍存在一个问题,就是早上吃过早饭后,不看拱棚内的温度,到地就放风,下午不看温度下降是多少,放工时再合上棚膜。菜农认为,这样不会出问题。实际上失去了拱棚的意义。科学的做法是,等温度升至 28℃ 时再放风。根据河南博爱县孝敬镇的对比试验,采用定时和定温度放风,拱棚番茄不但上市时间可以提早 4 天,而且可使前期产量提高 20% 以上。为了把拱棚的植株长势调整均匀,提高番茄群体产量,还要注意以下几个问题。

(1)经常变换通风口的位置　拱棚栽培的通风口处近 4 米² 的面积番茄生长速度很慢,据计算,一亩地小拱棚的通风口有 30 个左右,占地约 100 米²,占一亩地的 1/6。如果加以调整,使整体一致,可以提高 10% 左右的前期产量。因此,通风口的位置最好是每天调换一个地方,不要长期在一个地方放风。

(2)**拱棚较长时需多开通风口**　拱棚的长度一般不要超过 20 米,老菜农用俗言总结为:菜畦长 4 丈(13 米),生产最便当,平整最省力,浇地不慌张。小拱棚的温度测量,一个通风口基本可以调节 8~10 米的温度,再长就不起多大作用了。要是拱棚长度超过 20 米,就要考虑中间多留几个放风口。为此建议拱棚 15~18 米留一个放风口。

(3)放风口要由小逐渐加大　拱棚栽培由于外界气候条件相对较好,不会冻死苗,很多人在管理上就会马马虎虎,放风口往往一样大小,造成小拱棚内的空气温度忽高忽低,不很稳定。其实这样对番茄植株的影响非常大。必须在拱棚温度达到 28~30℃ 的时候,先放开一部分,到中午温度升高时再加大放风口。

（4）阴雨天也必须放小风 很多人认为通风只起到降温和排湿的作用,到阴天或下雨天时,就不再放风,这是错误的。阴雨天,外界气温下降以后,小拱棚的小气候的土壤温度相对较高,形成自然散温现象,由于塑料薄膜的阻挡,拱棚内比外界气温要高。就是这种地温辐射现象,不但带出来大量的湿气,还把土壤中的有害气体带到小拱棚内。如果长时间不通风,有害气体浓度超过 50 毫升/米³ 时,叶片就会出现危害。有些人把这种危害当成侵染性病害进行药物防治,这样做不但造成浪费,还会形成药害。因此,要求在外界温度不低于 4℃ 时就必须放点小风,一般 1 天内不少于半个小时的放风时间。

2. 水肥管理 拱棚番茄早春追肥和浇水与秋季不一样,秋季地温较高,浇水追肥不考虑降温的危害,春季地温提升困难,不能一次多追肥浇大水,宜采取小水勤浇,淡肥勤施的措施。每次每亩追尿素 10 ~ 15 千克;追 2 次氮肥,每亩每次再追 15 千克硫酸钾肥。追肥一定结合浇水,可以先把化肥撒在行间沟内,也可以把尿素化成水后,随水冲施。浇水追肥需要注意的是:

（1）选择晴天浇水 为了防止地温下降和拱棚内湿度过大,追肥浇水选择晴好天气的 10 ~ 15 时比较适宜。

（2）浇水后注意通风 拱棚浇水后要加强通风。因为拱棚空间很小,湿度最容易饱和。浇水后在温度比较高的情况下,地面蒸发和叶面蒸腾的作用加快。据观察,刚浇过水的密闭拱棚内,在 28℃ 的棚温条件下,40 分相对湿度就上升到 100%,这时再通风效果会更好。另外,每次浇水都冲有肥料,通风量小的时候,小拱棚的水滴中含有大量的氨气,这些水滴落到番茄叶片上,就会出现叶片白斑。加强通风就会减少高湿和有害气体对植株的危害。

（3）阴雨天不能浇水 拱棚番茄浇水得当,会大幅度提高产量。盲目浇水会浇出病害,产量下降。低温阴天不能浇水是基本常识,目前还有不少菜农浇水无原则,不管天气阴晴,也不管棚内温度高低,想浇水就浇水。却不知,阴天浇水湿气无法排出,有利于病原菌的繁殖,会引起病害的发生或加重病害的发展。

3. 及时撤棚 早春小拱棚栽培的薄膜覆盖时间大约 40 天。到时间不揭棚膜就会影响番茄的正常生长。小拱棚撤膜掌握得好,不但不会影响产量,还能形成高产。

（1）小拱棚撤膜的外界环境要求 小拱棚番茄撤膜的外界温度白天 28 ~ 30℃,夜间最低温度连续 5 天不低于 15℃,就可以考虑撤膜。不要撤得太早,早春换季时节,不断有寒流南下。春天天气变化大,2 天内的气温会相差 20℃ 左右,要是没等气候稳定下来就撤膜,往往会造成很大的影响。中原地区,以东经 117°、北纬 34° 为基准时,撤膜的时间一般在 4 月 26 日前后。各地区可按经纬度的加减,合理调整撤膜的具体时间。

（2）撤膜前的准备工作 在外界环境许可的情况下,要做好撤膜的准备工作。其一,先进行一次追肥浇水。其二,要加大白天的放风量,晚上正常盖好。不少人主张撤膜前要昼夜放风,进行锻炼。根据对比试验,昼夜放风的撤膜方法,植株可以平稳过渡,相对比较安全。在撤膜前施肥浇水后,夜间盖好棚膜,由于昼夜温差变小,营养生长出现旺盛架势。外界条件成熟以后，撤膜的昼夜温差拉大，旺盛的植株营养马上集中转移在生殖生长上。这样的措施，不但不会影响产量，反而，这种方法在生产中，推广 20 多年来，每亩基本会增加效益 1 000 多元，最少增值 800 元。

4. 激素抹花和人工辅助授粉　番茄拱棚早春栽培，由于番茄的雄蕊在低温高湿的情况下花粉无法散开，自身又没有单性结实的能力，需要授粉或激素抹花后促进坐果。使用 2,4 - D 的适宜浓度为 20 ~ 25 毫克/千克，选择坐果灵的适宜浓度为 40 ~ 50 毫克/千克。抹花要注意的是：

（1）**抹花时一定要打开通风口**　不管使用哪种坐果激素，都有一定的挥发性，棚室的空间激素气体达到一定的浓度以后，番茄生长点就会受害。在实际生产中，植株生长点发黑发皱，诊断激素中毒的情况，一般都是挥发中毒。并不是激素滴在生长点上了。

（2）**抹花时间要安排在 11 ~ 16 时**　棚室在 11 时以前的温度比较低，特别是番茄子房在自身温度低的情况下，吸收能力很差，这时抹激素会随着空间温度的升高而挥发。坐果的作用反而不大。棚室温度提高以后，番茄花器表皮开始干燥，抹花以后会很快吸收。

（3）**适位抹药**　番茄抹花时，一般抹两个部位就可以：一是花托的根部，这个地方吸收能力最强，吸收得也最快。二是花蕾的果柄节上，这些地方激素充足会促进果实和秧结合部快速膨大，为番茄提供养分。经过试验，采用这种方法以后，坐果率提高，畸形果大幅度减少。

（4）**阴雨天不能抹花**　阴雨天植株的吸收能力很弱，抹花后不但坐果作用不大，反而容易挥发有害气体，造成生长激素中毒。

（5）**使用坐果激素的品种要结合植株长势决定**　目前坐果激素有 2,4 - D 和坐果灵两类，它们的作用大致相同，但是，性能有很大的差异。2,4 - D 作用快，有效时间短。坐果灵作用慢而时效长。使用时要根据植株生长情况选择。植株生长旺盛，最好选择 2,4 - D，利用它作用快的特点，快速坐果，快速膨大，可以对植株的生长势进行有效的控制，达到营养生长和生殖生长的平衡。假如是老化苗，生长势弱、花器已经开放时，最好选择坐果灵，利用它作用较慢、时间长的特点，植株能够正常生长，后来的番茄果实也会长成。有经验的菜农，在番茄植株生长不均衡的情况下，将两种坐果激素分开使用。弱株使用坐果灵抹花，壮株使用 2,4 - D 抹花，在很短的时间内，把植株群体调整到整齐一致，果实的商品性又提高一个等级。

（6）**人工授粉**　番茄在前期空气湿度大、花粉不散的情况下使用坐果激素，如果中期花粉散开以后，最好采用人工辅助授粉。经过试验，人工授粉的番茄长得快，商品果有光泽，品质好，产量高，值得推广。

（7）**采用熊蜂辅助授粉**　经试验，一群熊蜂在温室内可以连续工作 3 个月以上。500 米² 面积的番茄温室，熊蜂数量 300 只左右就完全可以满足授粉需要。经中国农业科学院测试，采用熊蜂授粉的结果类蔬菜，比使用激素的营养价值有明显提高。番茄的维生素 C 含量提高 17%，西瓜的可溶性固形物含量提高 1.4 度，特别是接近瓜皮部位的糖度也很高。使用熊蜂授粉的投入和产出比达到1∶（7~8），被列为农业项目中投入和产出比最高的一类实用技术。

5. 其他管理

（1）植株调整　番茄在生产中期，就要进行植株调整。番茄的最佳叶面积指标是 4 左右。剪去老叶、病叶。另外番茄功能叶时间一般是 60 天，超过这个时间就要及时打掉，以免消耗植株养分。剪叶选择晴天中午进行，不能在阴雨天剪叶，否则会造成伤流严重或病原菌侵染。

（2）及时拔掉结果结束的植株　撤膜后需要剔除的植株，每株留 3 穗果剪掉生长点，剪掉其他的叶片。待果实采收完以后，及时连根拔掉，以免影响留下植株的正常生长。

（3）清理田间残株落叶　把每次剪掉的叶片和拔出的植株及时收集起来。可以直接丢进沤粪池里，进行发酵。也可以丢到远离种植区的垃圾场。特别是有些残叶、病叶带有大量的病原菌，如果随便乱丢，这些病原菌就会借风力或人事活动到处传播病害。

第三节　塑料大棚栽培技术

一、塑料大棚的栽培形式及模式

1. 塑料大棚的栽培形式　塑料大棚番茄栽培的形式，随着技术的进步越来越多。形式的改进，不同程度地提早或延迟了市场的供应，不但使产品产量得到提高，而且经济效益也得到不断增加。下面就不同形式的生产做一介绍。

（1）单层薄膜覆盖的地膜栽培　塑料大棚在定植番茄时，做成龟背垄，垄高 15 厘米。覆盖一层地膜后，地温可以提高 2℃ 左右，由于大棚内无风，地膜不用压边就行。增加投资部分的产出比，一般是 1∶7 以上。这种形式的栽培也最为普遍，如图 4-6 所示。

（2）大棚套小拱棚栽培　大棚的一层薄膜在寒流到来时，只能比外界提高温度 4℃ 左右。在春季早熟栽培就是要抢一个"早"字，为了提早上市，就必须提早定植。各地菜农在不断地改进，又在大棚内套一层小拱棚，用无纺布或薄膜在夜间进行覆盖，据测试又可以提高 3~4℃。起码能提早 10 天定植，上市时间可以提早 7 天左右。亩投资菜架小竹竿 300 根，薄膜或无纺布800 米^2。总的投资在 1 000 元左右，可用 3 年左右。

（3）三层覆盖栽培　早春塑料大棚的番茄生产，根据市场的价格特点，前期要高

图 4 - 6　单层薄膜覆盖的地膜栽培

出中后期的若干倍,由于经济利益的引导,菜农千方百计地提早种植。在大棚套小拱棚的基础上,在上面又加一层覆盖物。经过测试,加盖不同的覆盖材料的保温效果有所差异。在小拱棚上加盖一层薄膜,保持与小拱棚有 40 厘米的空间,由于大棚内的空气流动很小,覆盖物的固定就很简单,薄膜只要用铁丝拉好架膜的框架,盖上薄膜就行。保温效果可以提高2.5℃。早春使用时间很短(30 天以内),保存得好使用年限都在 4 年以上。由于不要求透光效果,可以用旧薄膜。经过计算,增加这层覆盖,连铁丝在内亩不足 600 元。

如果用厚度为 80 克/米² 的无纺布,由于大棚内无风,直接贴盖在小拱棚上不需要固定,在大棚内的保温效果会更好,最低温度阶段测试,栽培畦可以增加 6℃。内覆盖的无纺布,1 米² 的价格在 1 元左右。亩需要不超过 800 米²,投资增加 800 元左右。妥善保存可使用 4 年以上,很大程度上提高了提早定植的安全系数。

(4)多层覆盖栽培　大棚番茄早春栽培多层覆盖形式,在我国的京津地区,早春寒流来时,外界气温比中原相对要低,多层覆盖的栽培更有意义。现在使用最多的有 6 层覆盖物。就是在大棚外面加盖草苫,草苫上盖防寒膜,棚膜里面 20 ~ 30 厘米处使用二膜(保温幕),栽培畦上加盖小拱棚,栽培垄上覆盖地膜。当地菜农风趣地说:这叫里三层,外三层,早栽半月不受冻。河北省永年县在 2002 年 3 月上旬遇特大寒流,在当地最低气温下降到 - 8℃ 的情况下,采用这种形式覆盖的大棚没有受冻害。比周边的少一层草苫的大棚,效益提高了 3 倍,如图 4 - 7 所示。

需要指出的是,早春大棚多层覆盖可以相对提早定植,利用良好的保温效果,改良环境条件,来加快番茄生长速度,提早上市和提高前期的产量,增加经济效益。提早决不能无限度地盲目提早。所有保温材料,是在有一定温度基数的情况下可以保持。在连续阴雨天的情况下,大棚温度基数就很低,再加上转晴时一定有低温大寒流,保温效果就会大打折扣。河南安阳地区的滑县采用多层覆盖种植番茄,2002 年

图4-7 多层覆盖栽培

在1月20日定植,覆盖4层的保温效果在理论上讲可以提高温度10℃以上。在2月2日连续7天阴雨以后,大棚内温度降到2℃。晴天前遇寒流外温降到-8℃,结果早晨最低温度降到-2℃,番茄几乎全部受冻害,早种不能早收。到目前为止当地菜农还不敢在适期育苗,总是拖后定植。

2. **塑料大棚番茄的栽培模式** 塑料大棚利用面积较大,建造相对容易,建造材料易得,投资比较低廉,生产技术比较容易掌握,目前是全国保护地设施面积最大的一种类型。栽培模式多种多样。可用于蔬菜的春提前和秋延后栽培。也可在夏季采用遮阳材料,进行越夏遮阳栽培。番茄栽培的模式一般来讲,在长江以北的平原地区,番茄生产多采用春提前栽培和秋延后促成栽培。宁夏、甘肃等西北地区,采用越夏遮阳栽培。云贵高原的低纬度地区,在春末、夏初作防雨栽培。

二、春提前栽培技术

由于大棚栽培的土地利用率高,建造容易,投资相对较少,投资和产出比也比较高,技术容易掌握,大棚又可以两季使用,所以目前全国各地已形成不少的大规模番茄提早种植基地。

1. **春提前栽培对设施的要求**

请参考第二章第三节相关内容。

覆盖的塑料薄膜应为透光性能好的无滴膜或半无滴膜,其中以乙烯-醋酸乙烯多功能转光膜为好,聚乙烯薄膜易产生水滴,透光性不好,而聚氯乙烯多功能复合膜费用高,会增加大棚番茄的生产成本。

2. **品种选择** 选择早熟性好,既耐低温、弱光照,又耐热、抗病性强,株型紧凑,适于密植、商品性状优、经济效益好的品种。

3. **适期播种** 大棚春提前番茄栽培,菜农都知道前期市场价格比较好,抓住前期高价格,大量上市,经济效益才会大幅度提高。所以,菜农都在千方百计提早育苗,抢早定植。但是,一定要把握好提早的程度,只有成功的可能性在95%以上时才能育苗。我国地域辽阔,各地的气候差异很大,要依照各地的气候特点、栽培形式和育苗条件的因素综合考虑,来确定番茄培育壮苗的适宜播期。播种过早,苗子长得过大,就会形成弱苗,控制过久很易形成老化苗,不利于高产。特别是淮河以北的广大中原地区,早春时经常出现严重的倒春寒,大棚栽培再次育苗的年份十年就有两三次,为此不能盲目提早。为了安全起见,下面把一些主要地区的适宜育苗的时间推荐给大家做一参考,见表4-2。

表4-2 不同地区单层塑料大棚番茄播种定植收获时间表(旬/月)

地区	育苗形式	播种期	定植期	始收期
哈尔滨	加温温室	中/2	中/4	上/6
长春	加温温室	中/2	中/4	上/6
沈阳	加温温室	上/2	上/4	下/5
乌鲁木齐	加温温室	中/2	中/4	上/6
西宁	加温温室	中/2	中/4	上/6
兰州	加温温室	上/2	上/4	下/5
银川	加温温室	上/2	上/4	下/5
呼和浩特	加温温室	上/2	上/4	下/5
太原	加温温室	下/1	下/3	中/5
北京	日光温室	下/1	下/3	中/5
天津	日光温室	下/1	下/3	中/5
石家庄	日光温室	中/1	中/3	上/5
西安	日光温室	中/1	中/3	上/5
郑州	日光温室	上/1	上/3	下/4
济南	日光温室	上/1	上/3	下/4
合肥	日光温室	上/1	上/3	下/4
长江中下游	大棚套小棚	上/2	下/2	中/4

4. 培育壮苗大苗 番茄春提前大棚栽培,要想提早上市,必须采用大苗壮苗移栽。根据近年来高效益典型的经验总结,番茄育苗采用10厘米×10厘米的大号塑料营养钵育苗效果最好。在这种前提下可以再比常规育苗时间提早7天。番茄苗子有了比较大的营养面积和相对大的空间,可以正常生长到8片以上叶子,花蕾即将开放再进行定植。定植后,加强肥水管理。由于在缓苗期就会坐果,不会出现前期徒长现象。基本可以提早上市5天左右。

5. 整地施肥覆膜

（1）施肥与整地　番茄根系比较发达,但由于早春的地温低,营养吸收能力受到限制,必须多施有机肥来增加土壤的透气性和储热保温能力;增加矿物质营养元素,满足番茄高产的需求。有机肥要求使用充分腐熟的植物秸秆堆肥、鸡粪、牛马粪或猪粪和人粪尿。鸡粪、猪粪和人粪尿要加入铡碎的稻草、麦秸、玉米秸或食用菌废料混合充分发酵后使用。亩使用量不少于 15 米^3。通过多施有机肥,加快改良土壤的团粒结构和理化性能。大量的有机肥在土壤中分解时,会释放较多的二氧化碳,对提高番茄光合作用能力意义重大。矿物质元素的使用一般是,亩施硫酸钾 50 千克,过磷酸钙 25 千克,尿素 40 千克,硫酸镁 3 千克,硼砂 3 千克。施肥的方法是,普施和埂下施结合。具体操作是在整地前把 80% 的基肥撒在地面上,深耕 20 厘米以上,充分耙细耙匀,再把地面刮平后,准备起垄定植。

（2）起垄覆膜　起垄前把剩下的肥料集中均匀地撒在埂下,再每亩用 70% 敌磺钠可湿性粉剂 2 千克拌在 20 千克的细土中撒在垄下。按行距 120 厘米起垄,垄宽 50 厘米,沟宽 80 厘米,深 20 厘米。把起好的垄用铁耙子耙平,打碎土坷垃。起垄以后,用幅宽 100 厘米的地膜盖好。在每条垄背两边按株距 28 厘米打孔,孔的大小基本比营养土坨的直径大 2 厘米就行。准备工作做完以后,等待适时定植。

早春定植的番茄,缓苗时间长,叶片发黑发硬,生长速度慢,大多是由于化肥超量造成的生理干旱现象。

温馨提示

埂下施的化肥使用量要准确,不能盲目加大使用量。稍不注意,超量使用,就会延迟缓苗,影响前期生长。经过多品种试验,早春尿素每亩的最佳使用量为 5 千克,超过 8 千克就会有不同程度的烧根现象;三元素复合肥早春 8 千克,10 千克就会导致缓苗困难,抑制前期生长。目前保护地早春埂下施肥出现烧根并引发生理干旱的现象屡见不鲜。

---

6. 适时定植

（1）原则

1）根据地温确定定植时间　大棚早春番茄栽培,要强调适时定植。按番茄生理要求,最低地温必须稳定在 13℃ 以上。由于早春的气候多变,测量地温起码要连续 7 天的结果才能认定。保温设备增加以后,不能单靠设备好就把定植时间往前提,一旦出现大的寒流,虽然不会冻死,但由于地温的下降,根尖和根毛停止生长,或出现少量回根现象,需要 5～7 天才能恢复,因而就会出现早栽不早收的现象。

2）观察物候期作对照　大自然春暖还是春寒,可以从物候上判断参考。一般长期天气的变化,各地都有代表的参照树木。我国广大地区,最有普遍性的是河边的柳树。可以参照柳树的物候期变化,进行适时定植相对比较可靠。根据多年的观察记录,一般在河边柳由黄泛绿时,番茄定植最为安全。

3) 充分做好防寒的应急准备　俗谚说得好,"好年防荒年,好天防雨天"。早春大棚栽培在适时的情况下定植,也要充分做好防寒措施。比如大棚四周围草苫,使用二道防寒幕,必要时还要预备增温设备。

(2) 定植方法　选择晴天的中午进行定植。提前 1 天把番茄苗从温室运到大棚里,进行适应性锻炼。锻炼时要预备好两层覆盖的东西。如果出现预计外的低温时,进行临时覆盖。定植时小心操作,避免伤根,不要把营养土块弄烂。方法是挖开定植穴,放进苗子以后,把周围的土封好就行。不能用力挤压栽苗坑。实际调查中发现,由于有些人怕栽的土不实在,栽苗后由于用力挤压了根部,结果把番茄的营养土块挤压碎了,造成伤根,缓苗速度慢。和同一条件下不伤根的对比,上市时间晚了 4 天。亩损失高达 1 200 多元。

番茄定植结束后,要及时浇定植水。定植水要浇足浇透。不要认为早春浇水足会影响地温提高。其实土壤的含水量相对多一点,它的总体容热量还会增加,夜间散温慢,平均相对地温会更高。浇水太少,在缓苗结束后,幼苗刚出现新生根群,这时的植株还没有完成营养生长和生殖生长的转化过程,土壤就会出现缺水现象。不及时浇水,干旱严重,这时浇水,在根系吸水能力很强的情况下,营养生长就会比较旺盛,导致营养生长和生殖生长不能平衡。虽然不会影响总体产量,但是前期植株以营养生长为主,势必降低前期产量。浇足定植水后,在番茄缓苗结束时,土壤正值适墒阶段,恰好进行营养生长,几天后,土壤进入干旱期,不要急于浇水进行蹲苗控制,让其完成生殖生长的转化,几乎每株都坐果以后进行浇水,使果和秧一起生长。这项技术使用得当,番茄前期产量会成倍增加。

7. 定植后的管理及其他

参照本章第二节的有关内容进行。

三、秋延后栽培技术

在栽培技术上有些与春季和夏季栽培技术有相同的地方,这里只介绍不相同的关键技术。

1. 品种选择　宜选择前期耐高温,中后期耐低温,抗病性强(主要是抗病毒病)、丰产性好及耐储运的中早熟品种。

2. 适期播种　大棚秋延后番茄播种期要求十分准确,播种期提早,露地番茄生产没有结束,卖不上好价钱。播种时间过于向后推迟,由于长江以北的大棚主要生产区,到 11 月 20 日左右必遇席卷大江南北的特大寒潮,这些地区在大棚栽培的果菜类作物,都会受到不同的寒害。根据多年来的栽培经验,一般在 7 月 20 日前后比较合适。番茄的生长与果实成熟,不是按日历时间计算的,是根据有效的积温和光照的积累数量来决定的。7 月的一天有效积累比低温期的一天要多得多。有人做过统计,以 7 月 20 日为轴心日,提早一天播种可以提前 6 天采收。

3. 育苗技术

（1）种子处理　秋季大棚延迟栽培的番茄，处于病害多发季节，为了防止种子带菌必须进行种子处理。除了按育苗要求进行晒种外，药物消毒更为重要。主要防治病毒病，一般用磷酸三钠 10 倍液，把种子浸泡 30 分，捞出后清洗干净。为了提早出苗，可以进行简单的催芽处理，就是把消毒好的种子，用清水浸泡 6 小时后，在保湿条件下放置在常温的室内就行，经 3 天左右种子透尖时就可以进行播种。

（2）播种　番茄秋季栽培播种的技术相对比较简单，事先在育苗床上浇透水，或在育苗盘打好的播种孔内放上种子，播之后盖上湿润的细土，盖土厚度为 1 厘米。

盖土时不能人多，最好单人操作，以确保盖土厚薄均匀一致，出苗整齐。

（3）管理要点　秋季番茄苗期正值高温多雨季节。育苗必须采取遮阳降温、防雨措施和严格的护根措施。

1）遮阳棚的使用　番茄遮阳育苗的目的是避开强光和降低温度。遮阳网的遮阳率要求在 45% ～ 50%，太密遮阴率高，光线弱，番茄苗子会很弱；太稀遮阴率低又起不到需要的遮阴效果。另外遮阳网要在 10 时强光时遮上，17 时后揭掉；阴天不盖遮阳网。目前育苗普遍存在一个问题，就是一盖到底，育苗床建造时就盖上，一直到育苗结束才去掉。这样操作很难培育壮苗。经研究认为，遮阳网在夜间阻挡了地面的长波辐射，影响了地面的散温。必须采取措施，进行定时揭盖管理，阴天不盖遮阳网，以确保秋季的壮苗培育成功。

2）护根育苗　番茄秋季栽培护根育苗很重要。由于栽培前期正值高温多雨季节，移栽一旦伤根，土壤中的病原菌和病毒就会通过伤口进入根部进行繁殖，造成根部及早发病。生产实践认为，秋季栽培用规格为 10 厘米 × 10 厘米塑料营养钵效果最好。

3）及时补充水分　番茄秋季高温育苗，除了外界环境高温，营养土的蒸发量加大以外，叶片在高温情况下，蒸腾作用也在加强，最容易出现缺水现象，导致番茄植株新陈代谢停滞，病毒毒素就会大量积累，容易诱发病毒病。番茄秋季育苗成功的关键就在于水分的补充，决不能为了控制旺长采取控水的错误办法。经过对比试验，番茄采取控水育苗，定植后不发棵，根系伸长很慢，形成老化植株，基本没有产量。究其原因发现，番茄根系在高温缺水的条件下，木栓化速度最快。一旦形成木栓化的根系，自身就无法继续发展，影响番茄植株的生长和产量的形成。育苗要求一天内的早晨与傍晚 2 次补水，每次补水量为 600 克/米^2。幼苗达到 3 ～ 4 片叶时就要及时移栽。

4. 整地施肥　番茄根系虽然比较发达，但由于秋季的地温高，营养吸收能力会受到限制，必须多施有机肥来增加土壤的透气性和营养缓冲能力，并增加矿物质营养元素，满足番茄高产的需求。施肥种类和数量参照本书本章有关内容进行。

5. 定植

（1）适期定植　大棚秋延后栽培番茄，强调适时定植。按番茄生理苗龄要求，定植苗达到 4 片叶时就是定植适期。

（2）定植方法

1）浅定植　番茄秋季定植一定要浅，菜农总结为"露坨定植"。由于秋季定植后，外界高温多湿，定植时把下胚轴埋在土里以后（菜农叫埋脖栽），在高温高湿的情况下，容易发生茎基腐病害，造成大量死苗。菜农总结说：秋季番茄栽得深，就是不死也发昏。

2）选择晴天下午或阴天移栽　大家都知道早春番茄一般在晴天定植。到了秋季，往往认为选择阴天比晴天下午定植好。经过对比试验，阴天定植的效果远不如晴天下午。阴天定植后，当时看来不缓苗，阴天过后，缓苗时间更长，失水现象更严重。晴天下午移栽的番茄，第二天缓苗基本完成，第三天就会开始生长。另外，阴天或雨天移栽的苗子，表现病害来得早，植株的抗病能力明显较弱。原因说法不一，暂时没有定论。

3）浇足定植水　番茄定植结束以后，就要及时浇定植水。定植水要浇足浇透。

图4-8　秋延后定植的番茄

4）及时浇缓苗水　压根水浇过3～4天后，再浇1次缓苗水。二次进行浇水的作用：一是秋季气温高，土壤蒸发量大；二是可以有效地降低地温，增加土壤水分，有利于加快缓苗。一般沙质土要早浇，黏土地可以晚浇一两天。为此缓苗水浇水时间以安排在早晨或傍晚最好。浇水量不要太大，以浇后10分左右畦面的水渗完为好。一般浇水量达到亩30米^{3}时就会达到应有的效果。

5）不盖膜　秋延后栽培不盖地膜，如图4-8所示。

6. **及时覆盖棚膜及管理**　大棚秋延后番茄要根据气候变化情况，及时覆盖棚膜。一般在外界最低气温下降到8℃时，就要准备盖棚膜。

7. **肥水管理**　大棚薄膜覆盖以后，由于不能大量向外散发湿气，番茄浇水的次数明显减少。一般有7～10天才浇水1次。为了减少空气湿度，一次的浇水量要减少30%左右。化肥的使用更要小心，不要因为浇水次数少了，一次就要多施一些。由于薄膜覆盖以后，化肥在转化过程中会产生大量的氨气散发不出去，积累在空气中。不要一次大量地追肥，否则会造成肥害。

8. **植株调整**　番茄在薄膜覆盖以后，植株生长速度较快。要及时打掉下部的老叶和病叶。一是减少老叶的遮光，二是可以减少老叶上存留的病菌避免染病，也方便喷药。

（1）选择晴天打老叶　在打掉老叶时，为了减少番茄植株的伤流，尽快愈合伤口,必须在晴天的下午,植株本身营养回流时段进行。上午操作效果不太好,更不能在阴雨天进行。

(2)去叶留柄 番茄在植株叶片过于茂密时,把茂密的叶片可以从叶柄的中间剪掉一半,把一半留在植株上,可以减少造成行间郁闭。

(3)支架或吊秧 秋延后番茄生长前期温度高,湿度大,植株生长旺,茎较细软,坐果后会发生植株倒伏现象,所以要及时支架或吊秧,如图4-9所示。

9. 保花保果 温度超过35℃时,使用2,4-D等激素处理花蕾,以保证坐果。

10. 适时采收 当外界气温较低时,为防止果实受冻和影响储运,一定要适时采收。单层大棚华北地区11月上旬

图4-9 番茄吊秧

应全部采收完毕,否则会受冻;长江中下游地区可采收到11月下旬。如果大棚内套小拱棚,并在晚上覆盖草苫保温,可进行活体保鲜,待价出售。

11. 秋延后大棚番茄叶片翻卷的原因与防治技术

(1)病症 每年8~9月,保护地内栽培的番茄容易出现叶片翻卷的情况,一般是从下部叶片向上部叶片发展,严重时导致整个植株的叶片出现翻卷,甚至叶片干枯,影响番茄的正常生长和产量的形成。一般生长势越强的植株越容易表现出此类症状。

(2)病症诊断 卷叶分生理性卷叶(由气温过高、光照过强、植株叶片出现早衰造成)和病毒性卷叶2种。叶片不同程度地翻卷,从而影响光合效率,使植株代谢失调,坐果率降低,果实畸形,产量锐减。

(3)发病原因

1)摘心和整枝过早 整枝、摘心过早、过重,会严重影响根系的生长,导致卷叶。另外,摘心过早容易使腋芽滋生,叶片中的磷酸无处输送,导致叶片老化,发生大量卷缩。摘除侧枝一般要等其长到7厘米以上时进行,如果打杈过早,叶片同化面积减小,植株地上部生长不良,同时影响根系的发育,植株吸水、吸肥能力减弱,进而诱发卷叶。

2)高温、干旱 进入结果盛期后,遇到高温、干旱天气而不能及时补水,此时叶片面积大,高温和强光使叶片蒸腾作用加强,使植株体内的水分缺乏,导致卷叶。另外,土壤过湿时,会使叶片主脉凸起,使叶片卷曲。植株下部叶片易发生卷缩。在秋延后保护地栽培中,生长中后期易出现这种情况,尤其在通风口处卷缩往往较重。

3）施肥不当　当土壤中缺乏番茄生长必需的元素时,可使叶片变紫、变黄或卷曲。当土壤中缺乏某些微量元素,如镁、铜、硼、锌、铝时,也会造成卷叶。氮肥施用过多,会引起小叶的翻转、卷曲;严重缺磷、钾以及缺乏钙、硼等微量元素,都会引起叶片僵硬、叶缘卷曲,或者叶片细小、畸形。

4）病毒病侵染　番茄容易发生病毒病,引起叶片褪绿、变小,叶面皱缩。叶片卷缩,多表现在心叶及上部叶片上,在高温、强光照下易发生。

5）激素药害　生长激素使用过多,植株大量积累后,花期使用2,4-D或防落素蘸花时,浓度过大或洒在叶片上,幼嫩叶片就会出现萎缩卷曲。

6）品种　番茄品种间差异较大,一般垂直叶形品种易卷叶,抗病品种不易卷叶。

（4）防治方法

1）科学管理　加强肥水管理,增施腐熟的优质农家肥,注意合理施化肥,各种肥料的比例搭配要适当。防止氮肥过量,提供植株生长所需的均衡营养。避免过度干旱,但干旱后不要浇大水,尤其注意在高温的中午不能给番茄浇水,否则会导致地温突然降低,根系不能适应突然的变化,吸水受抑制,引起生理干旱反而加重卷叶。高温时采用遮阳及向植株喷洒清水的方法降温。根据番茄的长势及发育规律调控温、湿度,尤其在生长中后期要经常保持土壤湿润,棚室内不可过于干燥。使用2,4-D或防落素进行保花保果时浓度不要过大,注意不要将药液洒在叶片上。摘心和侧枝整形要根据植株长势确定,保持合理的叶面积,既要控制旺长,又要防止早衰。

2）选用抗病毒病的品种　及时对蚜虫进行防治,切断传毒途径。发生病毒病时,及时施用植病灵、菌毒清、宁南霉素等防治。

3）喷洒叶面肥　可叶面喷洒甲壳素、丰收素、激抗菌、瑞培乐等,提高番茄的抗性,可明显减少此类情况的发生。

4）整枝摘心养根　整枝不宜过早,一般在叶芽长到3.3厘米时进行。摘心时最上层果的上部应留2~3片叶。同时注意整枝、摘心要在10~16时温度较高、阳光充足时进行,以利伤口的愈合。有条件者可选用杜邦泉程、杀毒矾、雷多米尔、甲基硫菌灵、噁霉灵等药剂(用量按说明书),加入纳米磁能液进行灌根,每棵灌150~250毫升药液,进行养根。

12. 储藏增值技巧

（1）活体储藏保鲜　请参考第二章第三节相关内容。

（2）采收、储藏与保鲜

1）采收　请参考第二章第三节相关内容。

2）储藏方法

☞　塑料袋储藏。请参考第二章第三节相关内容。

☞　气调储藏。请参考第二章第三节相关内容。

用帐子储藏需采用抽气法快速降氧,密闭帐子前,按储藏番茄重量的1/20或者1/40放入用高锰酸钾饱和溶液浸透的碎砖块作载体来氧化储藏期间释放出的乙烯,一般10千克番茄放载体0.5千克,防止番茄表皮变红变软。储前可将番茄喷洒

70%甲基硫菌灵可湿性粉剂500倍液避免番茄腐烂。

☞ 水缸储藏。番茄储藏用新缸最好,避免用有油腥或腌咸菜和其他气味的缸。用旧缸时,在储藏的前几天用开水和碱面刷洗干净,缸内盛净水10～20厘米深,距水面5厘米处放一木料做的"井"字形架,架上再放用苇子、竹片或细竹竿编成的圆形箅子,在箅子上码放番茄。番茄入缸后立即用牛皮纸或塑料薄膜封严。天气转冷后要采取保温措施,避免低于8℃。缸藏法使番茄处于半封闭状态,易于保持较高的温度、湿度,另外,缸内氧气含量下降,二氧化碳含量上升,改变了储藏环境的空气成分,收到气调储藏的效果。一般可储藏30～40天。

☞ 土窖储藏。请参考第二章第三节相关内容。

☞ 水窖储藏。请参考第二章第三节相关内容。

第四节　日光温室栽培技术

在生产上,常依据番茄开花结果期所处的季节不同,将日光温室番茄栽培分为越冬一大茬、冬春茬和秋冬茬3种类型。

一、越冬一大茬栽培技术

日光温室越冬一大茬生产,是茄果类蔬菜管理技术简单,最省劳动力,经济效益相对比较稳定的生产方式。我国淮河以北广大地区,普遍采用此种方式栽培番茄,有不少已经初具规模的生产基地。

1. **对设施的要求**　越冬一大茬生产,处于严寒季节,要求日光温室具备良好的采光和保温性能。目前,各地适应越冬栽培的日光温室结构很多,像东北的矮后墙长后坡温室,山东的半地下式大跨度温室,河北永年式温室,河南农业大学推广的黄淮改良式温室,西北地区的高后墙温室等。不论采用哪种结构的温室结构,都要结合当地的实际情况和种植品种的要求,如半地下式温室冬季的保温性能虽然很好,但在地下水位比较浅的地区就无法实施。矮后墙、长后坡的温室保温性能也不错,但在人多地少的地区,缺少大量的玉米秸秆来搭建。一般要求日光温室建造的原则是,保温性能好,采光合理,坚固耐用,能就地取材,投资低廉。

2. **品种选择**　该茬番茄宜选用耐低温、耐弱光、抗病性强、中熟丰产的大果形品种。

3. **播期确定**　日光温室越冬茬番茄播种时间必须安排合理。播期过早,植株在越冬前生长量过大,虽然前期产量较高,但是,在低温期植株越大,它的耐寒能力相对就越弱,植株容易早衰,到翌年的产量很低,总体效益不会很高。播种期过晚,植株在越冬前很小,虽然翌年产量很容易达到高峰,但是在春节期间,市场需求量最大,价格最好的时期没有产量,会对效益有较大的影响。掌握适宜的播种期,是日光温室越冬栽培成功的关键。根据多年来的栽培经验,一般能在春节前开始上市的效果最好。这一段育苗时间需要40天,定植后需要60~70天果实才能转色。这样计算郑州地区安排播种时间在8月25日前后比较合适。其他地区可以参照表4-7进行。

4. 施肥整地

(1)施肥原则 施肥原则是以有机肥为主,化肥为辅,配方施肥,分层施肥。以地分级以级定产,以产定氮,以氮定磷、钾,以磷、钾肥定微肥。日本资料显示:温室番茄每形成10 000千克产量需要从土壤中吸收纯氮25千克、五氧化二磷6千克、氧化钾48千克。

表4-7 不同地区日光温室越冬茬番茄播种定植收获时间表

地区	育苗设施	播种期(旬/月)	定植期(旬/月)	收获期
哈尔滨	露地防雨棚	上/8	上/9	2月上旬至8月下旬
长春	露地防雨棚	上/8	上/9	2月上旬至8月下旬
沈阳	露地防雨棚	上/8	中/9	2月上旬至8月下旬
乌鲁木齐	露地防雨棚	中/8	中/9	3月中旬至9月上旬
西宁	露地防雨棚	中/8	中/9	3月中旬至9月上旬
兰州	露地防雨棚	中/8	中/9	3月中旬至9月上旬
银川	露地防雨棚	中/8	中/9	3月中旬至9月上旬
呼和浩特	露地防雨棚	中/8	下/9	3月中旬至9月中旬
太原	露地防雨棚	下/8	下/9	3月中旬至9月中旬
北京	露地防雨棚	下/8	下/9	2月上旬至9月中旬
天津	露地防雨棚	下/8	下/9	2月上旬至9月中旬
石家庄	露地防雨棚	下/8	下/9	2月上旬至9月中旬
西安	露地防雨棚	下/8	下/9	2月上旬至9月中旬
郑州	露地防雨棚	下/8	上/10	2月上旬至9月下旬
济南	露地防雨棚	中/8	上/10	2月上旬至9月下旬

(2)施肥方法 实践认为日光温室越冬一大茬番茄底肥的施用量为每亩施尿素20千克、过磷酸钙50千克、钙镁磷肥各50千克、硫酸钾50千克、硼酸1千克、硫酸锌1千克,现阶段北京地区施肥标准为施腐熟鸡粪15米³/亩、山东省寿光市20米³/亩左右,并辅以一定数量的化肥。若无鸡粪,可用棉籽饼500千克、草粪10米³代替,基本可满足亩产10 000千克番茄对底肥的需求。结合整地全田全耕层均匀施入。实践证明,越冬一大茬番茄,每底施1千克纯鸡粪,就可收获1千克商品番茄。

(3)整地原则 畦面平坦,上虚下实,无明暗土坷垃。深度为35厘米左右。

5. **闷室消毒** 在准备工作做完以后,可高温闷室处理,将温室闭严,使其自然升温。晴天的中午,室温可升至 60℃,能消灭部分病菌,闷室可结合熏烟消毒进行。消毒方法请参考第二章第四节相关内容。

6. **定植前的苗床管理** 定植前 1 天先喷药 1 次,药液为 75% 百菌清可湿性粉剂 600 倍液和 20% 灭扫利乳油 2 000 倍液的混合液,进行防病灭虫,然后浇水,做到带土、带水、带肥、带药定植。

7. **适时定植,合理密植**

(1)壮苗标准 苗龄 40 ~ 50 天,株高 20 厘米,茎粗 0.7 厘米,视品种不同有 7 ~ 12 片无病、无破损叶片;80% 植株开始现蕾;株形呈长方形;第五节以后节间开始伸长,茎上下粗细一致;叶片肥厚呈手掌形,小叶片较大,叶柄短粗,下部叶茎呈紫绿色。

(2)适时定植 一是时间适时,在 9 月下旬,这时地温、气温高,定植后缓苗快。二是苗龄适时,凡在 8 月上旬育苗、管理无误的苗床,到 9 月下旬均可达到 80% 苗子现蕾的标准。

(3)合理密植 普通番茄定植密度为每亩 2 500 株左右。采取宽窄行瓦垄畦定植法,行株距配比为宽行 80 厘米,窄行 50 厘米,株距 40 厘米。彩色番茄定植密度同普通番茄。樱桃番茄定植密度为早熟品种,株距 30 厘米,宽行 60 厘米;中晚熟品种株距 35 厘米,宽行 80 厘米,窄行 40 厘米。移栽后立即浇水,并覆盖地膜。

8. **定植后的管理** 越冬日光温室栽培番茄,经过几天时间的高温密闭,待番茄缓苗以后,就要进行正常管理。

(1)温度管理 定植后,尽量保持较高的温度,以利缓苗。不超过 30℃ 不放风。缓苗后白天控制在 20 ~ 25℃,夜间 15℃。进入结果期,白天 25 ~ 30℃,尽量延长 26℃ 的时间,夜间 13 ~ 22℃,尽量延长 18℃ 的时间,以促使果实快长,减少呼吸消耗,增强光合作用与同化功能。

在 12 月至翌年 1 月,外界温度极低的情况下,应采取一切措施,如加厚保温覆盖物;适当早盖、晚揭草苫;改善光照条件,提高室内温度;室内加设二道幕;临时增设火炉等,来尽量提高温室内的温度。保证室内夜间最低温度不低于 8℃。

进入初春,随着外界气温的升高,逐渐加大通风量。夜间防冻,日间防高温灼伤。

(2)光照与气体管理 番茄对光照强度和光周期都非常敏感。光照强度不足时,光合作用的同化物质不能满足自身的消耗,只长秧子不结果。该茬番茄定植后正处于一年中光照最弱、光照时间最短的季节,光照时间短时,营养不良,减产严重。因此,日光温室的光照管理非常重要,改善光照条件是关键的管理技术措施。

1)日光温室内墙涂白 用石灰水把温室内北、东、西三侧墙面涂白,把照到墙上的无效光线反射到附近的番茄植株上。

2)张挂反光薄膜 在温室的后立柱上和东、西墙上,张挂镀铝反光薄膜,把部分无效光线反射到植株上。

3)张挂双层薄膜透光保温幕 在温室薄膜下张挂双层透光塑料薄膜,或再设小拱棚。这些措施有利于提高番茄植株的温度环境,能在植株不受冻、冷害的前提下,早揭或晚盖草苫,从而延长了光照时间。

4)及时清扫塑料薄膜　日光温室主要靠透过的太阳光来提高温度。塑料薄膜的透光能力关系到温度的高低,一般新塑料薄膜透光能力只有90%左右。冬季的光照强度本来就不高,再加上大风天气多,扬沙天气经常出现,目前绝大部分覆盖的又是草苫,加上草苫经常脱毛,塑料薄膜的表面污染十分严重。经测试,本来透光率有90%的塑料薄膜,污染后透光率只有58%左右,很难满足番茄对光照的要求,必须定期进行清扫。方法是用一个拖把绑上一个长把,每天在揭开草苫以后,进行一次清扫。也可以用高压水枪,刷洗一遍。经过清扫或刷洗的塑料薄膜,可增加日光温室内的进光量,减少反射损失。

5)利用无滴塑料薄膜　避免薄膜凝结水滴反射光线,可增加日光温室内的透光率7%~10%。

6)适时揭、盖草苫等不透光覆盖物　进入冬天以后,本来日照的时间就比较短,再加上天冷,很多人为了保温,在早上迟迟不拉草苫,下午很早就把草苫放下来。这种管理方法,会造成番茄出现严重的徒长现象。在太阳升起以后,第一项工作就是先把草苫拉起来。虽然刚拉起来的时候温室温度会有所下降,但是那是短暂的现象,在草苫拉起15分左右就会回升。经过测试,在晴好的天气时,早上太阳出来就拉开草苫的,比晚1小时拉草苫的温室,14时空间温度要高4℃。下午草苫要尽量晚盖,一般在能保证第二天早晨的最低温度基数时,为覆盖草苫的最合适时间。

适时揭、盖草苫等不透光覆盖物,可有效地延长光照时间。11月上旬加盖草苫后,在勉强能达到番茄生育下限温度范围内,草苫尽量早揭晚盖,最大限度地延长光照时间和提高光照强度;多放风促进室内气体循环,降低室内湿度和尽可能多地补充室内二氧化碳含量,以提高光合强度,增加有机物质积累。当下部每穗果果实长足时,剪去坐果部位的下部叶片,以利下部通风透光,促进果实着色均匀,可减轻或避免病害发生。

7)阴雨天气也要拉开草苫　遇到阴雨天气,很多人不揭草苫,主观原因是天冷怕散温。据测试,阴天的光照强度也在20 000勒左右,在番茄的光补偿点之上。假若连续阴雨天气,总是不揭草苫,造成光饥饿现象,天气转晴以后,就会出现大量植株死亡。

8)久阴猛晴要回苫　我国华北平原以北,在冬春季节的连续阴雨天气时间长,番茄的根系在保温条件好的时候虽然没受冻害或寒害,但是功能基本处于停滞状态,活性很低,天气猛晴以后,棚温急剧升高,植株叶片在高温条件下,蒸腾能力加强,这时的地温没有升起来,根系活性很低,不能吸收和运输植株需要的营养和水分,植株上部就会出现失水现象。遇到天气猛晴的情况以后,早上揭开草苫,在温室的空气温度上升到20℃时,植株叶片就会开始萎蔫,这时就要把草苫放下来,遮住太阳光。叶片恢复正常后,再把草苫拉开,叶片再度萎蔫时,再回放草苫。如此反复进行多次,直至植株在强光下不出现萎蔫后停止回苦。在揭开草苫叶片萎蔫时,也可以在叶片上喷清水补偿叶片所失水分。

(3)水肥管理 施足底肥和浇透定植水的日光温室,在第一穗果长至桃核大小时开始追肥浇水,浇水要采用膜下暗浇。结合浇水亩追尿素15千克为膨果肥。并且每15天叶面喷磷酸二氢钾300倍液1次。以后每坐稳一穗果追肥1次,12月至翌年3月,每次亩追硝酸磷肥20千克+尿素10千克;4月以后气温、地温升高,植株长势及根系吸肥能力加强,棚室内积累的磷、钾肥在较高温度下可转化为速效磷、速效钾肥,因此只追氮肥,不再追磷、钾肥,一般亩每次追尿素15~20千克即可。每坐稳一穗果浇水1~2次,进入5月以后,水分蒸发力加强,应视土壤墒情及植株需水状况,加大浇水量,并缩短浇水周期。

9. 补施二氧化碳气肥 二氧化碳是番茄进行光合作用制造养分必不可少的主要原料之一,也称之为气肥。冬季低温季节,为了保温,温室内常处于相对密闭状态,日出后随着植株光合作用的增加,温室内二氧化碳被植株消耗,浓度下降很快,在不放风的情况下显著低于露地浓度

1)施用时间 番茄结果期的晴天上午是二氧化碳最佳施用时间。

2)施用方法

☞ 燃烧法产生二氧化碳。采用天然气、白煤油等,用二氧化碳发生器补施气肥,一般1升煤油(0.82千克)可产生约2.5千克(1.27米³)的二氧化碳气体,1千克的天然气可产生3千克的二氧化碳气体。

☞ 化学反应产生二氧化碳法。目前主要采用碳酸氢铵和硫酸反应产生二氧化碳。占地1亩左右的棚室,均匀悬挂12~15个塑料容器,高度与植株生长点持平。使用前要先将浓硫酸按水:酸=3:1进行稀释;稀释时将预先定好量的浓硫酸沿容器壁慢慢倒入水中,边倒边缓慢搅拌,如图4-10所示。切勿将水往盛硫酸的容器中倾倒。

将已稀释的硫酸分盛于容器中,每天将1天所需的碳酸氢铵在9~12时分2~3次投入。碳酸氢铵的用量可比参考用量略多些。待容器内所盛的稀硫酸中不再冒气泡时,该反应结束。可将剩余液加水50倍稀释作追肥用,或废弃不用。

图4-10 稀释浓硫酸

☞ 液态二氧化碳直接释放法。可采用酿造和乙醇工业的副产品液态二氧化碳,经压缩装在钢瓶等容器内,在保护地内直接释放或经管道直接释放。

　　10. **植株调整**　番茄越冬日光温室栽培,在薄膜覆盖以后,植株相对生长速度较快。要及时打掉下部的老叶和病叶。这样做的好处一是减少老叶的遮光,二是可以减少老叶上存留的病菌染病。三是喷药方便。

　　1)吊秧　第一果穗开花时进行吊秧防倒。不可插架,以防止架材遮光。吊秧方法是每株番茄用一根乳白色聚氯乙烯绳皮,下端绑在番茄茎基部,上端绑在日光温室原来设计好的架杆上。吊绳既不能使用有颜色绳皮,以防遮光,又不能使用易损害或易老化、含有挥发性有害物质的绳皮,以防幼苗前期受毒害及生长中后期绳断落架,造成不应有的损失。

　　2)选择晴天打老叶　在打掉老叶时,为了减少番茄植株的伤流,尽快愈合伤口,必须在晴天的下午植株本身营养回流时段进行。

　　3)整枝打杈　番茄的每一个叶腋都会萌发侧芽,并且生长速度还比较快,几天后就会和主蔓生长点平齐。要尽早拿掉。侧芽生长得越大,营养浪费就会越多,造成不必要的营养消耗。

　　4)及时疏果　番茄的一穗花序,正常可以同时坐果 4 个以上,多的可达 10 多个,要想得到大小均匀的果实,必须进行疏果。根据试验,一般一穗番茄的重量在500 克左右,假如留果 2 个时,每果单重是 250 克;留果 3 个,每果单重只有 150克;留果 4 个每果单重只剩 100 克;如此进行 12 个重复,其结果规律基本不变。据分析,番茄果实表皮的干物质含量最多,果实数量越多,表皮面积越大。在同等大小面积的情况下,个体数量越多,体积反而越小。市场上 150 克左右的番茄最为抢手,因此,每穗番茄留果 3 个为好,疏掉多余的果实。有人做过试验认为,疏果不如疏花的营养浪费少,实际上,疏花后的坐果情况很难掌握,一旦出现畸形果、僵果或空洞果实,就无法弥补。

　　5)特殊管理　主要是发生旺长时,用 PBO 200 毫升/升控旺。植株遇不良气候出现生长衰弱时用赤霉素、爱多收、CPPU、吲哚乙酸促进生长,或用 2,4 - D 抹花,防落花落果,并促进果实快长。

　　11. **及时采收**　番茄在越冬日光温室栽培,由于结果时间早晚不同,成熟不会集中。番茄着色后不采收会在植株上进行后熟。后熟对养分的需求虽然很少,但是也会直接影响其他果实的膨大,经过多次试验,着色果实及时采收,和在植株上后熟不采收的产量对比,后者减产 17% 左右。及时采收这项措施,亩日光温室可以多卖1 500 元以上,值得推广。

二、冬春茬栽培技术

日光温室冬春茬番茄栽培,前期虽处于低温弱光阶段,但生长中后期天气逐渐转暖,光照逐渐充足,番茄产量高,栽培易获成功,也是日光温室番茄生产的主要栽培形式。在栽培技术上,有与"越冬一大茬栽培技术"相同的地方,这里不再介绍。

1. **对设施的要求** 具体要求可参考越冬茬栽培。

2. **品种选择** 日光温室冬春茬栽培,由于市场的番茄上市量比较大,一般选择中晚熟的大果高产品种。为了提早上市,可以采用大苗移栽的方法。一般选择品种要根据市场的需求,如当地市场需要大红果实,最好选择大红的硬果品种,需要粉红的地区可选择粉果品种。

3. **适期播种** 日光温室的环境条件相对比较好,定植时间早晚不是问题,关键问题是前茬作物的收获时间早晚。早春茬栽培的番茄,最好是采用大苗定植,才能提早上市。一般按日历苗龄计算需要80天左右,生理苗龄8~12片叶。

4. **定植前的准备**

(1)**及早清理前茬作物** 一般早春茬番茄在日光温室栽培,大多是有前茬作物。在生产上应该分清主茬和副茬。如果把番茄作为主茬,副茬作物一定要为主茬让路,保证主茬定植时间。

1)抓紧时间上市前茬产品 前茬的产品在能上市的情况下,就要及时收获,不能拖延时间。

2)捡净植株的残留 收获后,要把地面上的残叶、烂株清理干净,防止前茬的病株埋在土里,感染番茄植株。

3)分批整地 本着清一畦翻一畦地的原则,把时间尽量往前赶。

(2)**棚室消毒** 参照本章第四节"一、越冬一大茬栽培技术"进行。

应该指出的是,这茬番茄的栽培,大多是为了抢早定植,采用一边清理前茬作物一边整地定植的方式,这种方式不能熏烟消毒,可采用土壤消毒的方法。亩用50%多菌灵可湿性粉剂1.5千克+10%吡虫啉可湿性粉剂0.5千克混合后在地面撒匀后进行翻地。

(3)**定植前幼苗处理**

1)浇水 番茄苗定植前要浇一次透水,以满足幼苗移栽以后的水分需求。一般用洒水壶浇洒一遍,喷水时要加入0.1%的速效化肥。经过试验,营养钵、育苗盘的苗子由于营养土少,按土块苗使用的0.5%的化肥,往往出现烧根现象。不能麻痹大意造成不应有的损失。

2)喷药 在移栽前苗床喷药是生产操作的惯例。一般用80%代森锰锌可湿性粉剂600倍液加入0.5%尿素混合后进行全株喷洒。喷洒时间安排在15~17时,这时的植株整体干燥,吸收速度快,效果好。

3)炼苗 炼苗就是囤苗,也叫蹲苗。目的是控制生长量,增加植株干物质含量,提高植株的抗逆能力。这个过程非常重要。方法是,浇水后白天在加大通风量的情况下,尽量提高苗床温度,并使夜间的温度降到5~8℃,时间要求4~5天。需要注意的是,炼苗一定要在浇足水后进行,防止干锻炼造成回根现象。

5. 整地与覆膜

1)整地施肥 参照"越冬一大茬栽培技术"。

2)起垄 起垄前把整地时剩下的肥料集中均匀地撒在垅下,每亩再用70%敌磺钠可湿性粉剂2千克拌在20千克的细土中撒在垄下。按行距120厘米起垄,垄宽50厘米,高20厘米。把起好的垄用铁耙子耥平,打碎土坷垃。

3)覆膜 起垄以后,铺幅宽80厘米的地膜,准备工作做完以后,等待适时定植。

6. 适时定植 按番茄生长发育对环境条件的要求,最低地温必须稳定在13℃。按照生理苗龄要求,定植苗达到现花蕾时就是定植适期。定植方法同"越冬一大茬栽培技术"。

7. 覆盖地膜定植孔 日光温室早春茬栽培,施肥量大,保护设施密封性好,土壤中的有机肥在分解过程中会产生大量的有害气体,地面上覆盖地膜以后,这些有害气体就会从定植孔集中向外排放。在生产中经常看到,定植后的番茄植株根部靠近地面的叶片边缘出现干边或干的斑点、斑块,菜农都把它误认为是侵染性病害,用大量的农药进行喷洒,以致又造成严重的药害。根据详细的研究,这实际不是病害,而是地下有害气体的危害。通过封闭定植孔,这种现象就不会发生。为此笔者提倡封闭定植孔。把定植孔用湿土封严以后,地膜的两边不要压实,让有害气体保持一定的通道,减少对植株的直接熏蒸。这项工作做得越早越好,不要看到叶片出现问题以后再去操作。

8. 定植后管理及其他 参照本章有关内容进行。

三、秋冬茬栽培技术

日光温室秋冬茬番茄栽培,是利用日光温室的保温效果,不需要采后保鲜,就可以把番茄的鲜果上市时间向后有效地延长到春节以后。比大棚秋延后栽培的把握性大,产量高,商品质量好,经济效益可观。由于栽培技术相对简单,目前生产面积也比较大。

1. 对设施的要求 请参考第二章第四节相关内容。

该茬番茄除设施应用、播种采收期与塑料大棚秋延后有所不同外,其他管理大同小异,可参照本书本章第三节中"三、秋延后栽培技术",此处仅介绍不同点。

秋冬茬一般7月下旬至8月上旬育苗,9月上中旬定植,10月中旬始收,春节过后拉秧,比塑料大棚秋延后番茄供应期长50~70天。

2. 品种要求 适于温室秋冬茬栽培的番茄品种应选择苗期耐高温、抗病毒,低温下果实发育良好的中晚熟品种。

3. 适期播种 日光温室秋冬茬生产的播种期不太严格,主要是根据茬口安排的收获时间来确定。一般秋冬茬番茄定植以小苗为好,苗龄只要30~40天。就是在前茬作物结束前30~40天开始育苗即可。

4. 秋冬茬番茄管理抓"五防"

（1）防早衰

1）症状表现　茎秆细,生长点瘦小;侧枝少,叶片小且薄,颜色发黄,有时叶片上出现瘤状突起;果实不膨大或膨大慢,极易出现裂果、空果及僵果;果实着色不良,果实小;植株抗性降低。

2）早衰原因

A. 连作障碍。保护地番茄因设施有限,产品效益高,常常连年种植,易造成生长不良,即使大量使用肥料,也难以完全改善,以致生长点萎缩,新生枝叶不能正常伸展,引起番茄早衰。

B. 施肥方式不合理。番茄虽然对土壤条件要求不太严格,但片面地增施化肥,常常造成土壤板结,土壤通透性降低,根系生长发育不良,引起番茄早衰。有些菜农为获得高产,一次性肥料施用过多,造成土壤浓度增加,根系生长受阻,因而引起番茄早衰。

C. 育苗措施不当。有些菜农常习惯于提前育苗,造成前茬没有收获,番茄苗已经长成,茬口腾出后,番茄苗形成大龄苗、徒长苗,导致定植后因主根受损,造成苗子对水分及无机盐的吸收受阻,发生植株茎秆中空,甚至出现早衰现象。

D. 激素使用不当。幼苗出现徒长后,不少菜农常习惯于采用喷洒多效唑、矮壮素、助壮素等激素的方法控制幼苗徒长。如用药时间过晚,常常形成头重脚轻的植株;用药浓度过大,极易形成老化苗。以上两种情况均易引起植株早衰。

3）安全防治措施

A. 轮作。防止因连作引起的早衰最有效的方法是与非茄果类蔬菜实行 3 年以上的轮作,争取茬茬有变化,年年不相同,保持土壤结构稳定。

B. 增施有机肥及菌肥。在保证番茄生长期间所需要的氮、磷、钾的前提下,增施腐熟的有机肥、生物菌肥及微量元素(如铜、铁、锌)。增加土壤有机质,改善土壤的通透性,为番茄根系创造一个良好的生长环境。

C. 培育壮苗。根据茬口合理安排育苗时间,春季保护地番茄苗龄一般为 60～70 天,秋茬一般为 30～35 天,秋冬茬为 40～50 天。根据茬口腾出的早晚合理安排育苗时间。在番茄具 3 片真叶前完成分苗,株行距为 10 厘米×10 厘米。

D. 合理控制幼苗徒长。如秋冬茬管理不当,极易造成幼苗徒长。为防止幼苗徒长,最好采取物理方法,如加大育苗床的面积、适当控制浇水、分苗时加大株行距等措施。如采用激素处理,除正确掌握使用浓度外,还应注意使用时间,一般在幼苗 2～3 片真叶期使用效果最佳。

E. 施用白糖。近几年的试验证明,在番茄定植时,在定植穴内加入白糖(每穴10～15 克),不仅有利于番茄产生不定根,促进缓苗,防止番茄早衰,而且可改善番茄品质,增强番茄抗性。

（2）防疯秧　番茄疯秧,严重影响产量和经济效益,在番茄栽培中应当引起足够重视。

1）番茄疯秧的主要原因

A. 由于番茄在日光温室中生长，正赶上严冬日照强度弱、时间短，光合作用产生的物质相对减少，且分配不均匀，相对集中于茎、叶生长点上，而供根系生长的能量相对减少，导致根系吸收能力减弱，影响花芽分化，造成营养生长相对过旺，表现出疯秧特征。

B. 由于温度管理不当，光合作用、呼吸作用等一系列生化反应受到温度的影响，光合作用相对减弱、呼吸消耗增多，促进了茎、叶生长。尤其在苗期，由于温度管理不当，使花芽分化质量降低、数量减少而表现出疯秧。

C. 番茄在定植缓苗后，第一穗果未全部坐住前，由于肥水不当，此期间浇水，易疯秧。

2）疯秧的防治

A. 采用张挂反光幕、二氧化碳施肥技术增强光照，提高光能有效利用率，使番茄营养生长和生殖生长趋于合理，提高坐果率。

B. 根据番茄生长过程中对肥、水需求的生长特性，加强田间管理，做到合理追肥、适当蹲苗、科学浇水、促控适当。在栽培中，要做到小水定植、轻浇缓苗水。在此基础上，适当控水蹲苗，促进根系发育。当第一穗果有 90% 坐住，结束蹲苗，适当加大肥水，促进果实生长。

C. 加强温度管理。白天温度控制在 24～28℃，争取 26℃的时间在 6 小时以上，夜间控制在16～20℃，争取 18℃的时间达到最长，使光合作用和呼吸作用关系趋于合理。科学整枝，调节秧果比，从而达到抑制疯秧、促进丰产的目的。

D. 用浓度 10～20 毫克/千克的 2,4－D 抹花或 25～50 毫克/千克防落素蘸花，防止落花、落果，促进结果，抑制疯秧。但也要合理疏果，防止坠秧。绑架时，适当加大捆绑力度，以达到抑制番茄营养生长过旺的目的。

（3）**防植株卷叶**　番茄出现卷叶，不利叶片进行正常的光合作用，从而影响番茄产量和品质的提高。所以在生产过程中，应及时根据番茄卷叶症状及其并发症状，找出卷叶原因，适时采取防治措施，对减少产量损失、增加经济效益具有重要意义。一般情况下番茄卷叶除与品种特性有关外，还有生理性卷叶和病毒性卷叶 2 种。

1）生理性卷叶

A. 水分供应不适。在土壤严重缺水或土壤湿度过大，根部被水浸泡等情况下，都能引起卷叶。为防止因水分供应不适引起的卷叶，应为番茄生长发育创造一个旱能浇、涝能排的栽培环境，尤其是进入结果期，必须保持土壤相对湿度在 80%～85%。

B. 营养元素缺乏。土壤中缺乏磷、钾、硼、钼等营养元素，不能满足番茄正常生长发育需要时，也会使番茄发生卷叶症状。一般土壤缺磷时，植株生长迟缓、纤弱，严重缺磷时，叶小、僵硬，向下弯曲，叶表面呈蓝绿色，叶背面呈紫色，且落叶早。土壤缺钾时，老叶的小叶片枯焦，叶缘卷曲，中脉及最小叶脉褪绿。后期褪绿和坏死斑发展到幼叶，导致黄化和卷缩，并脱落。

在断定番茄卷叶是由缺乏营养元素所引起的后,可采用叶面喷施相应肥料的方法予以补救。

C. 肥水运筹不当。在番茄早熟栽培中,如果整枝、摘心过重和肥水过剩,会引起全株大部分叶片上卷,甚至卷成筒状。此外,一般大中型果番茄品种在摘心后进入果实膨大期,也会出现叶片向上反卷的现象。防治措施是在栽培管理时,最后一个花序后再留2~3片叶,以增加光合作用面积,可减轻卷叶现象的发生。同时,还应实施配方施肥,以提高肥料的有效利用率,促进番茄植株的健壮生长。

D. 使用2,4-D或除草剂不当。在使用2,4-D时严禁浓度过高或滴落在叶片上,以防引起叶片皱缩、黄叶等中毒症状。为防止使用除草剂药害,应根据前茬施药情况、施药时天气情况,进行科学用药。

2)病毒性卷叶 番茄植株感染黄瓜花叶病毒后,植株矮化,顶芽幼叶细长,呈螺旋形下卷,中下部叶片向上卷,尤其是下部叶片常卷成筒状,叶脉呈紫色,叶面灰白。鉴于番茄一旦被病毒感染,药物防治基本无效的实际状况,应从下列几个方面进行综合防治。

A. 选用抗病性强的杂交品种。

B. 用10%磷酸三钠溶液浸种30分进行种子消毒,以消灭部分病原体。

C. 试验证明,适期早播的大龄壮苗,在适时早栽、合理密植的前提下,通过加强肥水管理等措施,均能起到促进植株的生长发育和提高植株抗病毒病能力的作用。

D. 蚜虫、飞虱、蓟马等刺吸式口器害虫是病毒病的传播媒介,从苗期开始就应着手做好防治工作,对减少植株病毒感染有决定性作用。

E. 在番茄分苗、定植、打杈摘心及采收过程中,尽量避免机械损伤,减少病原体侵入机会。一旦田间发现重病株后及时拔除,并在地头地边挖坑深埋。

F. 应用植病灵进行防治。植病灵是一种新型激素型农药,苗期及初花期按该药说明书配制后喷施,对防治病毒病有较好效果。但喷施时,要做到番茄植株各部位都能均匀着药,不能出现漏喷。一般7~10天喷1次,于16时后进行。

(4)防高温和低温障碍

1)高温障碍

A. 幼苗症状。幼苗症状表现为幼芽烫伤或幼苗灼倒,是育苗期的生理病害,它不同于猝倒病或疫病,一般在无育苗经验的情况下容易发生,并且会误认为猝倒病。病状是幼苗接近地面处变细倒伏、萎蔫、干枯。幼苗灼倒的苗畦,表土往往疏松干燥,覆土厚薄不一,多发生在晚播育苗的阳畦里。播种较晚,天气已暖,中午又不注意通风,畦温和表土地温达45℃以上时,由于土表干松、灼烫,会造成幼苗与土接触的嫩茎部发生高温烫伤而死亡,有些幼芽没出土就被烫死了。

B. 整株症状。保护地栽培番茄,常发生高温危害。番茄在遇到30℃的高温时,会使光合强度降低;叶片受害,出现褪色或叶缘呈漂白状,后呈黄色。发病轻的仅叶缘呈烧伤状,发病重的波及半叶或整叶,最终萎蔫干枯。至35℃时,开花、结果受到抑制;40℃以上4小时,夜间高于20℃,番茄植株营养状况变坏,就会引起茎叶损伤及果实异常,引起大量花果脱落,被太阳直射的果实有日灼现象。而且持续时间越长,花果脱落越严重。果实成熟时,遇到30℃以上的高温,番茄红素形成减慢;超过35℃,番茄红素则难以形成,表面出现绿、黄、红相间的杂色果。高温干燥时,叶片向上卷曲,果皮变硬,容易产生裂果。

C. 防治方法。当温室和大棚温度超过30℃时就应及时通风、浇水和喷水,防止高温危害。并注意幼苗出土前后的通风锻炼及整株的遮阳。喷洒0.1%硫酸锌或硫酸铜溶液,可提高植株的抗热性,增强抗裂果、抗日灼的能力。用2,4-D浸花或涂花,可以防止高温落花,促进子房膨大。

2)低温障碍

番茄遇到连续10℃以下的低温,幼苗外观表现为叶片黄化,根毛坏死;内部导致花芽分化不正常,容易产生畸形果。温度在5℃以下时,由于花粉死亡而造成大量的落花。同时授粉不良而产生畸形果。如果温度在-1~3℃,番茄植株就会冻死。所以,当有寒流出现时,应加强保暖措施,防止冻害的发生。

(5)防揭苫后植株萎蔫 在冬季日光温室番茄生产中,出现连续数天阴雪或大雾不散,突然天晴导致室内番茄植株萎蔫,轻者影响番茄生长,重者造成植株死亡。

1)受害症状 揭苫后植株顶部叶片出现下垂,严重时像被开水烫过一样,呈暗褐色水浸状。将植株拔出后,根系明显有发育不良症状,严重的已变褐色,毛细根极少。如果前期植株生长迅速,叶片幼嫩,也会造成叶脉间变为白褐色,出现像发生药害一样的症状,如图4-11所示。

图4-11 植株失水萎蔫后叶边干枯卷缩

2)解决措施

A. 注意回苫。天晴后不要急于将草苫拉开,可以隔一个揭一个;使用卷帘机的棚室,可以揭苫1/3。如果发现植株顶部叶片萎蔫,要迅速回苫,如此反复几次,直到植株不再萎蔫为止。也可在萎蔫植株上喷洒清水(最好是温水)缓解萎蔫。不要急于浇水。急于浇水虽然补充了植株蒸腾所需要的水分,暂时缓解了萎蔫,但根系很容易受损,使植株抗性降低,在以后的生产管理过程中,更加容易发生萎蔫。正确的做法是:天气转晴后,一切管理以"缓"为主,水分、养分可短期进行叶面补充,以保证温度上升平稳。可用丰收一号＋磷酸二氢钾＋农用链霉素＋白糖溶液进行叶面喷施。

B. 养根壮根。可用强力生根剂灌根,也可以冲施腐殖酸、微生物肥料等养护根系。

C. 防止冻害发生。低温天气来临前,可向叶面喷施农用链霉素＋甲壳素＋磷酸二氢钾溶液。或喷洒红糖发酵液。红糖发酵液的制作方法是:先将红糖 3 千克溶于 5 升清水中,再加入白色酵母 100 克,放入温室或大棚内的容器,每天搅动 1 次,经 20 天左右,待表面出现一层白沫即成。取红糖发酵液 500 毫升、烧酒 100 毫升、米醋 100 毫升加入清水 50 升搅匀后喷雾。如果植株中上部枝叶变褐,可向叶面补喷清水,不要迅速提升温度,否则危害更加严重。

第五节　植株在不同环境条件下的形态表现与看苗管理技术

一、苗期

(一)苗期诊断

1. **壮苗**　苗龄 34～50 天,株高 20 厘米,茎粗 0.7 厘米,视品种不同有 7～12 片无病、无破损叶片;95％植株开始现蕾;株形呈长方形;第五节以后节间开始伸长,茎上下粗细一致;叶片肥厚呈手掌形,中上部叶色绿,小叶片较大,叶柄短粗,下部叶片呈黑绿色,茎秆呈紫绿色。

2. **旺苗**　如果定植前秧苗茎细高,柔弱,下细上粗,节间长,叶柄又长又粗,叶片窄而薄,心叶黄绿色,株形呈倒三角形(上位叶幅宽,下位叶幅渐窄),为徒长苗。主要是由于氮肥多、光照不足、高温多湿,特别是夜温高造成的。若株形呈正方形,是夜温低、土壤缺水或施肥过多引起的;第一片真叶距子叶距离过长,是出苗后高温特别是夜温高所致。

3. **弱苗**　如果定植前秧苗茎上细下粗,有一定程度硬化,少弹性,节间短,叶小又无光泽,叶色暗绿,植株矮小,为老化苗。主要是由于夜温长时间偏低、缺肥、干旱等原因造成的。第一至第二片真叶过小,是温度、水分不适宜,长势弱,造成第一花序推迟,花数减少。

4. **出苗障碍**

(1)土壤板结　播种后床土表面干硬结皮,称为土壤板结。板结阻碍了土壤内外的空气流通,使土壤中氧气缺乏,种子发芽和幼根生长过程中呼吸不畅,从而妨碍了种子的发芽和幼根的生长。此外,土表板结后,幼苗被板结层压住,不能顺利钻出土面,致使幼苗茎细弯曲,子叶发黄,成为畸形苗。

1)引起土面发生板结的原因

A. 由于育苗土壤质地过于黏重,腐殖质含量少,土壤结构不良。

B. 浇水不当。播种前打足底水,播种后至出苗前不浇水是防止土壤板结的有效措施之一。如果床土太干非浇水不可时,切忌大水漫灌,可用细孔喷壶洒水。洒水时从苗床的一端开始,顺序向另一端洒过去,一次浇足,不要多次来回重复浇,这是因为较干的土粒受水冲击时不易破碎,如果土粒已潮湿再受水冲击,就易破碎,破坏土粒结构,造成板结。

2)防治方法 在配制育苗营养土时,应根据土壤质地情况,可添入足量腐熟的牛粪等能明显使土质疏松的有机肥,或增加腐殖质含量高的有机肥比例,可有效防止土壤板结。

(2)出苗迟且少 催芽的种子播种后4天未出苗或很少出苗,超过4天后才开始出苗的现象属于迟迟不出苗现象。

1)原因

A. 苗床温度偏低。当苗床温度低于15℃时,种子出苗缓慢,出苗期延长;温度低于10℃时番茄种子几乎停止发芽。

B. 播种太浅或太深。番茄种子的适宜覆土厚度为0.5~1厘米,覆土层少于0.5厘米时,种子易落干,种芽因吸水不足而延缓出苗。播种过深时,因番茄种子较小,种芽顶土力较弱,出土所需时间相对延长。

C. 底水不足。特别在高温期播种,如果播种前浇水不足,种子会因供水不足出苗缓慢。

D. 畦面板结。播种后防雨措施不当,苗床进水导致畦面板结。一方面引起土壤氧气不足,导致种胚生长缓慢,延迟发芽;另一方面表土变硬,番茄种子顶土阻力增大,出苗时间相对延长。

E. 种子质量较差。一般陈种子、发霉或受潮种子比正常种子发芽出苗时间长。

2)防治方法

A. 应采用苗床增温措施,提高地温,使土壤温度达到番茄种子正常发芽的适宜温度20~30℃。

B. 其他的查明原因,对症解决。

(3)出苗不齐 播种后出苗的时间差异太大,即为出苗不齐。

1)原因

A. 新、陈种子混播。陈种子的发芽力较新种子弱,出苗晚。如果新、陈种子混播,就会出现出苗不整齐的现象。

B. 播种深浅不一致。播种浅的种子往往先出苗,播种深的种子则出苗较晚。播种深浅差异越大,种子出苗时间差异也越大。

C. 苗畦内环境不一致。因浇水保温等原因造成苗畦内土壤湿度不均,温度不一致。温度较高、湿度适宜的地方,种子发芽比较快,出苗早;而温度偏低、水分不足的地方则出苗较慢。

D. 种子成熟度不一致。充分成熟的种子发芽力较强,出苗快,出苗早;而未充分成熟的种子则发芽力弱,出苗慢,出苗所需时间长。

2)防治方法 查明原因,因症施法。

(4)"戴帽"出土 番茄苗带着种皮出土叫子叶"戴帽"出土,表现为子叶被种皮夹住,难以伸展,严重妨碍光合作用,影响番茄苗正常生长。

1)原因 床土湿度不够或播种后覆土太薄。成熟度差的种子发芽势弱,也是造成"戴帽"的原因之一。

2)防治方法 播种时要灌足底水,保持床土湿润。播种后覆土厚度以1厘米为宜,覆土要均匀,覆土后及时盖膜。幼苗顶土并即将钻出地面时,如果天晴,可在中午前后喷一些水;若遇阴雨,可在床面撒一层湿润细土。要选择健壮饱满的种子。

5. 沤根和烧根

(1)沤根 沤根在育苗技术粗放、气候条件不良时容易发生。发生沤根的幼苗,根部不发生新根,原有根皮发黄,逐渐变成锈色而腐烂。沤根初期,幼苗叶片变薄,阳光照射后随着温度的升高,蒸发量的增加,萎蔫程度逐渐加重,很容易拔掉。

1)原因 沤根多发生在幼苗发育的前期,沤根与气候条件有密切关系。幼苗生长的前期,若遇连续阴雨或降雪天气,床温很低,床土湿度高,再加上光照不足、通气排湿不及时,氧气供应减少,幼苗的生理活性降低,根系活动能力减弱,易引起沤根。

2)防治方法 防治沤根主要应从苗床管理着手,首先选择地势高燥、排水良好、背风向阳的地段作育苗床地。床土中增施有机肥料,提高磷肥比例。出苗后既要注意在连续阴雨天气搞好通风换气,撒草木灰降低床内湿度,用双层塑料膜覆盖,夜间加盖草苫保温。在条件许可的地方,还可采用电热线加温育苗,或喷施土壤增温剂,提高床温,加速根系发育,促进幼苗健壮生长。

(2)烧根 多发生在幼苗出土期和出土后的一段时间。

1)发生原因 烧根的发生既与床土肥料的种类、性质、多少有关,也与床土水分和播种后覆土厚度有关。苗床培养土中如果施肥过多,尤其是氮肥过多,肥料浓度很高,幼苗根系发育不良,就会产生一种生理干旱性烧根现象。床土中若施用未腐熟的有机肥料,经过浇水和覆盖塑料薄膜以后,地温显著增高,促进有机肥料的发酵腐熟,在发酵腐熟过程中,产生大量的热量,使根际地温剧增,导致烧根。如若床土施肥不均,床面整理不平,浇水不匀,或用灰粪覆盖种子,使床土极度碱化,也会造成烧根。另外,播种后覆土太薄,种子发芽生根之后,床内温度高,表土干燥,也易形成烧根或烧芽。

2)防治方法 苗床施用充分腐熟的有机肥,氮肥施用不能过量,灰肥适当少施,施入床后要同床土拌和均匀,整平畦面,使床土虚实一致,灌足底水。播种后保证覆土厚度适宜,从而消除烧根的土壤因素。出苗后若发生烧根现象,要选择晴天中午及时浇灌清水,稀释土壤溶液,随后覆盖细土,封闭苗床,中午实行苗床遮阳,促使发生新根。

6. 徒长苗和僵化苗

(1)徒长苗　徒长是苗期常见的生长发育失常现象。徒长苗素质不好,易遭病菌侵染,又缺乏抗御自然灾害的能力,同时发育迟缓,使花芽分化及开花期后延,花的素质也不好,容易造成落蕾、落花、落果。徒长苗的特征是,幼苗节间拉长,棱条变得不明显,茎色黄绿,叶片质地松软,叶片变薄,色泽黄绿,根系细弱。

1)原因　晴天苗床通风不及时,床温偏高,湿度过大,播种密度和定苗密度过大,氮肥施用过多,阴雨天过多,光照不足容易形成徒长苗。

2)防治方法　依据幼苗各个生育阶段要求的适宜温度及时做好通风工作,尤其是晴天中午更要注意。苗床湿度过大时,除加强通风排湿外,在育苗初期可采取撒细干土的措施。及时做好间苗定苗工作,避免幼苗拥挤。在光照不足的情况下,应适当延长揭膜见光时间。如有徒长现象,可用烯效唑200倍液进行叶面喷雾,一般苗期喷雾2次即可有效防治。

(2)僵化苗　僵化苗又叫小老苗,是苗床土壤管理不良和苗床结构不合理造成的一种生理病害。幼苗生长发育很慢,苗株瘦弱,叶片黄小,茎秆细硬,并显紫色,虽然苗龄不大,但看起来好像发老的苗子一样,故又叫小老苗。

1)原因　苗床土壤施肥不足,肥力太低,尤其是氮肥缺乏;土壤干旱以及土壤质地黏重等不良栽培因素是形成僵化苗的主要原因。另外,透气性好,但保水保肥很差的土壤,如沙土地育苗,也容易形成小老苗。若育苗床上的拱棚高度太低,也会形成小老苗。

2)防治方法　预防僵化苗,首先选择保水保肥力好的壤质土作为育苗场地。在配制床土时,既要施足腐熟的有机肥料,还要施足幼苗发育所需的氮、磷营养,尤其是氮素肥料更为重要。其次应当灌足底水,及时灌好苗期水,使床内土壤水分保持适宜幼苗生长的状态。

7. 烧苗　烧苗现象发生快,受害重,几个小时就可造成番茄苗整床死亡,给生产带来很大损失,有时不得不更改种植计划。烧苗之初,幼苗变软、弯曲,进而整株叶片萎蔫,幼茎下垂,随着高温时间的延长,根系受害,整株死亡。

(1)原因　烧苗多发生在气温多变的春季育苗中期,前期气温低,后期白天全揭膜,一般不易发生烧苗。在晴天中午若不及时揭膜通风,温度会迅速上升,当床温达40℃以上时,容易产生烧苗现象。另外,烧苗还与苗床湿度有关,苗床湿度大烧苗轻,湿度小烧苗重。

(2)防治方法　经常注意天气预报,晴天及时适量做好苗床通风管理工作,使床温白天保持在20~24℃,若刚发生了烧苗现象,要及时进行苗床遮阴,待高温过后床温降到适温时开始逐渐通风。太阳西下时揭除遮阴覆盖物。据笔者试验,在烧苗出现时,立即浇水,最为有效。浇水时不能揭膜,应从苗床一端开口进水,待床温下降之后或翌日再行正常通风。

8. 闪苗　闪苗发生于整个幼苗覆盖生长期,缺乏育苗经验的情况下容易发生此种现象。揭膜之后,幼苗很快产生萎蔫现象,继而叶缘上卷,叶片局部或全部变为白枯,但茎部尚好,严重时也会造成幼苗整株干枯死亡。由于闪苗现象在揭膜通风后不久即可发生,好似一闪即伤一样,所以叫闪苗,如图 4 – 12 所示。

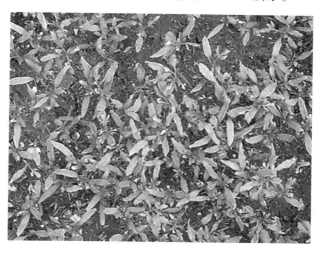

图 4 – 12　闪苗

(1)原因　当苗床内外温差较大,床温超过 40℃ 以上时,猛然大量通风,由于空气流动加速,叶面水分蒸发量剧增,失水形成,再者冷风进床,幼苗在较高的温度下突然遇冷,也会很快产生叶片萎蔫现象,进而干枯。冷风闪苗,称"冷闪"。

(2)防治方法　防治闪苗,首先要注意及时通风,当床温上升到 25℃ 时,应当及时通风。其次要正确掌握通风量,随着气温的升高由小渐大,通风口由少到多,通风量的大小应使苗床温度保持在幼苗生长适宜范围以内。最后还要准确选择通风口,通风口要开在背风一面。

9. 死苗

(1)原因　发生死苗的原因较多,一般有以下几个方面:

1)病害死苗　由于播种前苗床土、营养土未消毒或消毒不彻底,出苗后没有及时喷药,以及苗床温、湿度管理不当等,引起猝倒病、立枯病发生。

2)虫害死苗　苗床内蛴螬、蝼蛄等地下害虫大量发生时,造成危害,引起死苗。

3)药害死苗　苗床土消毒时,用药量过大,播种后床土过干及出苗后喷药浓度过高,易造成药害死苗。

4)肥害死苗　苗床土拌入未腐熟的有机肥或施用的化肥掺拌不匀引起烧根死苗。

5)冻害死苗　在寒流、低温来临时,未及时采取防寒措施,导致秧苗受冻死亡,或分苗时机不当,分苗床地温过低,幼苗分到苗床后迟迟不能扎根而造成死苗。

6)风干死苗　未经通风锻炼的秧苗,长期处在湿度较大的空间,苗床通风时,冷空气直接对流,或突然揭膜放风,以及覆盖物被大风吹开,均会导致苗床内外冷热空气变换过猛,空气温度、湿度骤然下降,致使柔嫩的叶片失水过多,引起萎蔫。如果萎蔫过久,叶片不能复原,则最后变成绿色干枯,此现象称为风干。

7)起苗不当造成死苗　分苗时一次起苗过多,一时分苗不及时使幼苗失水过多,分苗后不易恢复而死苗;幼苗在分苗前发育不好,根系少;分苗过晚,造成伤根、吸收能力衰弱而死苗。

（2）防治方法

1)病害引起的死苗　在配制营养土时要对营养土和育苗器具做彻底消毒。按 1 米² 苗床用 50% 多菌灵可湿性粉剂 8～10 克或 99% 噁霉灵可湿性粉剂 1 克,与适量干细土混匀撒于畦面,翻土拌匀后播种。配制营养土时,1 米³ 营养土中加入 50% 多菌灵可湿性粉剂 80～100 克或 99% 噁霉灵可湿性粉剂 5 克,充分混匀后填装营养钵;幼苗 75% 出土后,喷施 50% 多菌灵可湿性粉剂 500 倍液杀菌防病,以后 7～10 天喷 1 次。适时通风换气,防止苗床内湿度、温度过高诱发病害。

2)虫害引起的死苗　可用 1.8% 阿维菌素乳剂 1 000 倍液浇灌苗床土面,防治蟒蟠;用 80% 敌敌畏乳油 100 倍液,或 50% 辛硫磷乳油 50 倍液拌碾碎炒香的豆饼、麦麸等制毒饵,撒于苗床周围可杀蝼蛄。

3)药害引起的死苗　在苗床土消毒时用药量不要过大;药剂处理后的苗床,要保持一定的湿度,但每次浇水量不宜过多,避免苗床湿度过大;一旦发生沤根,要及时通风排湿,促进水分蒸发;阴雨天可在苗床上撒施干细土或草木灰吸湿。

4)肥害引起的死苗　有机肥要充分发酵腐熟,并与床土拌和均匀。分苗时要将土压实、整平,营养钵要浇透。

5)冻害引起的死苗　在育苗期间,要注意天气变化,在寒流、低温来临时,及时增加覆盖物,并尽量保持干燥,防止被雨、雪淋湿,降低保温效果。有条件的可采取临时加温措施,采用人工控温育苗,如电热线温床育苗、分苗;合理增加光照,促进光合作用和养分积累;适当控制浇水,合理增施磷、钾肥等;提高苗床地温,保证秧苗对温度的要求,提高抗寒能力。

6)风吹引起的死苗　在苗床通风时,要在避风的一侧开通风口,通风量应由小到大,使秧苗有一个适应过程。大风天气,注意压严覆盖物,防止被风吹开。

7)起苗不当造成的死苗　在起苗时不要过多伤根,多带些宿土,随分随起,一次起苗不要过多;起出的苗用湿布包好,以防失水过多;起苗后还要挑出根少、断折、感病以及畸形的幼苗;分苗宜小不宜大,有利于提高成活率。一般第一次分苗在 2 叶 1 心时选择晴天进行,如大棚光线强、温度高时,可在大棚内的小棚上面隔一段距离放一块草苫或顶部覆盖遮阳网遮光,以防止阳光直射刚刚分完的苗,造成失水—萎蔫—死苗。

10. 畸形苗　番茄喜温、喜光、耐肥、不耐旱。如果外部生长环境控制不好,极易造成植株畸形,严重影响番茄的产量和质量。因此,预防畸形苗的产生具有重要意义。番茄畸形苗主要有:

（1）红叶苗　症状就是新叶及根部呈现暗紫红色,如不尽快矫治,将影响生产,严重的产生僵苗。原因是育苗期长期低温,使光合产物运不到新叶与根部,呈暗紫红色。

预防方法是在夜间保温或调整育苗钵的位置。

（2）露骨苗　症状是茎节处较粗，节间处茎较细，严重的会形成僵苗。原因主要是水肥不足，节间生长缓慢。

预防方法是施用速效肥，以氮为主，磷、钾肥合施，可辅以叶面喷肥。

（3）露花苗　症状是营养生长过弱，叶片小，第一至第二花序开花时，叶片遮盖不住，多发生于早熟品种。原因是早期用激素处理过早。由于营养体过小，结果负担过重，生殖生长点占优势，营养物质集中输送到幼果中，新叶形成缺乏必要的物质，使主茎顶端生长停滞，出现开花到顶现象。

预防方法是果断疏果，施用水肥促进营养生长。如果辅以薄膜拱棚覆盖、地膜覆盖提高地温和气温更好。

（4）莴苣苗　症状是主茎异常肥大似莴苣，叶柄向下扭曲。原因主要是定植后，水肥特别是氮肥过多。

预防方法是首先用激素处理，花蕾喷施 30～40 毫克/千克番茄灵促使坐果，使营养物质运输到果实中，加强生殖生长。同时，适当控制氮肥，增施磷、钾肥。

二、结果期

（一）整株诊断

1. 壮苗　在温、光、水、肥、气等环境条件都适合番茄的生长发育时，打顶前植株开花位置距顶端 20 厘米左右，开花的花序以上还有现蕾花序，从顶部向下看呈等边三角形，叶身大，叶脉清晰，叶先端较尖，花梗节突起。

2. 旺苗　茎粗，节间长，开花花序位置低，多由肥多、水多、日照不足、夜温高等造成，容易出现畸形果、空洞果。轻微的徒长，也易造成果实生长慢。果小、叶片浓绿、叶片小，是土壤干燥或地温低，或移植时伤根重的表现，容易导致花序节位下降，花数增加，质量降低。

3. 弱苗　开花节位上移，距顶端近，茎细，植株顶端呈水平型，表明顶端伸长受抑制，多因夜温低，土壤干燥、缺肥或结果过多造成，容易落果。

4. 整株死亡　番茄盛果期死棵损失很大，是菜农十分烦恼的问题。经调查分析，除青枯病外，番茄盛果期死棵的主要原因还有番茄疫霉根腐病、番茄茎基腐病、番茄枯萎病以及番茄细菌性髓部坏死病等病害。各病害造成的死棵症状特点及防治措施如下。

（1）疫霉根腐病

1）症状　发病初期茎基或根部产生褐斑，逐渐扩大后凹陷，严重时病斑绕茎基部或根部一周，致顶部茎叶萎蔫，进而全株萎蔫。拔出病株可见细根腐烂，粗根褐变。剖开病根颈，可见从根颈部向上有一段维管束发生褐变，最后根颈腐烂，不长新根，植株枯萎而死。

该病多由于管理失误造成，如定植后地温低，土壤湿度过高，且持续时间长，或遇连阴天不能及时通风,形成高温、高湿条件,尤其是大水漫灌后都会导致该病的发生和流行。

2)防治方法　可选用47%春雷·王铜可湿性粉剂600倍液,64%杀毒矾可湿性粉剂500倍液,60%琥·乙膦铝可湿性粉剂500倍液,72.2%普力克水剂800倍液,于发病初期喷洒茎基部,并适当喷洒地面。

（2）茎基腐病

1)症状　仅危害茎基部。发病初期茎基部皮层生有淡褐色及黑褐色斑点,能绕茎基部一圈,致皮层腐烂,后期病部表面常形成黑褐色大小不一的菌核,以此有别于早疫病。剖开病茎基部,可见木质部变为暗褐色。病株叶片变黄、萎蔫,后期叶片为黄褐色并枯死,且残留在枝上不脱落。拔出病株,根系并不腐烂。

2)防治方法　发病后可在茎基部施用噁霉灵加萘乙酸药土,在病株基部覆堆,把病部埋上,促其在病斑上方长出不定根,可延缓寿命,争取产量。

（3）枯萎病

1)症状　发病初期,中下部叶片在中午前后萎蔫,而早晚可恢复,以后萎蔫加重,叶片自下而上变黄,根软腐导致枯死。茎基部近地面处呈水渍状,高湿时会产生粉红色或蓝绿色霉状物。剖开病茎基部,可见维管束变褐。本病病程进展较慢,一般15～30天才枯死,无乳白色黏液流出,有别于番茄青枯病。

2)防治方法　发病初期可喷洒78%科博可湿性粉剂600倍液,50%混杀硫悬浮剂500倍液,每隔10天左右1次。

（4）番茄溃疡病

1)症状　成株染病,病菌在韧皮部及髓部迅速扩展,初期下部叶片凋萎或卷缩呈缺水状,一侧或部分小叶凋萎;茎内部变褐,并向上下发展,后期产生长短不一的空腔,最后下陷或开裂,茎略变粗,生出许多不定根。湿度大时菌脓从病茎或叶柄中溢出或附在其上,形成白色污状物,最后全株枯死,上部顶叶呈青枯状,果实上形成独特的"鸟眼斑"。

2)防治方法　发病初期,用15%赛博可湿性粉剂800～1 000倍液喷雾,9～12天喷1次。

（二）花器诊断

1. **正常株**　正常株同一花序内开花整齐,花器官大小中等,花瓣黄色,子房大小适中,如图4－13所示。

2. **旺长株**　徒长植株,花序内开花不整齐,往往花器官及子房特别大,花瓣浓黄色,如图4－14所示。

3. **老化弱株**　老化植株开花延迟,花器官小,花瓣浅黄色,子房小,如图4－15所示。

4. **低温障碍**　花瓣数多、柱头粗扁的花,是在8℃以下低温形成的,以后必然发育成畸形果,应及早疏除,如图4－16所示。

（三）果实诊断

1. **番茄筋腐病的发生原因与防治**　番茄筋腐病又叫条腐病、条斑病,是一种发

图4-13 番茄正常植株的花

4-14 番茄旺长株的花

图4-15 番茄弱株的花

4-16 低温弱光条件下的花

生比较普遍的生理病害,尤其是保护地番茄,发病率较高,是保护地番茄生产中亟待解决的问题。

(1)主要症状 筋腐病的症状有2种类型:一种是褐色筋腐病,又叫褐变型筋腐病;一种是白变型筋腐病。褐色筋腐病的病症主要是在果面上出现局部褐变,凹凸不平,果肉僵硬,甚至有坏死的病斑;切开果实,可以看到果皮内的维管束出现变褐坏死,有时果肉也出现褐色坏死症状。有的果实发病较轻,外形上看不出明显的绿色或淡绿色斑,但伴有果肉变硬,果实中常呈空腔,商品价值大幅度降低。褐色筋腐病大多发生于果实的背光面,通常下位花序果实发病多于上位花序。白变型筋腐病多发生于果皮部的组织上,病部有蜡样的光泽,质硬,果肉似糠心状,与褐变型筋腐病一样,病部着色不良。

(2)发病原因 目前一般认为多种环境条件不良,如光照不足,低温、多湿,空气不流通,二氧化碳不足,高夜温,缺钾,氮素过剩(如施肥过多),以及病毒病等病害所产生的毒素等均与褐色筋腐病的发生有关。哪一个单独因素都很难导致发病,发病是上述各种因素综合作用的结果。至于白变型筋腐病则一般认为是烟草花叶病毒感染所致。

褐色筋腐病多发生于低温弱光的冬季及春季栽培期间。番茄生长繁茂更有利于该病发生。该病的发生与土壤水分关系密切。灌水多或地下水位上升的土壤中因氧气供应不足而发生较多。施肥量大,特别是铵态氮肥施用过多,或者钾肥不足或钾的吸收受抑制时,发病较多。施用未腐熟农家肥,密植,小苗定植,强摘心等,都很容易发病。同时,发病与品种有关。白变型筋腐病和烟草花叶病毒的感染关系密切,且品种间抗病力差异很大。一般不具备抗烟草花叶病毒基因的感病性品种易发生白变型筋腐病;具有抗烟草花叶病毒基因的品种,抗病性强,基本上不发生白变型筋腐。

（3）防治方法

1）品种　选择不易发生番茄筋腐病的品种。

2）加强管理　在栽培期间要避免日照不足、多肥、土壤供氧不足等现象。尽量增强光照,稍稀植,氮素施肥量,特别是铵态氮的施用量要适当,不可盲目多施。同时做到不缺钾肥。设施内白天温度应保持在 23～28℃,28℃以上应通风降温排湿。6～9 月保护设施上应覆盖遮阳网降低温度。秋冬季节夜间温度为 13～17℃时,可在草苫上覆盖塑料薄膜,增强保温能力。在秋冬季节的连阴天,即使保护设施内气温降低也应拉开草苫见光,以促进生长,减轻筋腐危害。水分管理要保持土壤含水量适宜。在低洼地上的温室大棚要注意排水,实行高垄（畦）栽培,即使是排水良好的温室大棚,一次灌水过多,也会引起褐色筋腐病的发生,所以灌水量不宜过多。已出现上述病状的可以喷多元素微肥。番茄专用肥是腐殖酸型复合喷淋肥中的一种,它除具有普通肥料的特性外,还添加了一种能使番茄个大、光滑、均匀的微量元素铜,除高含氮、磷、钾外,微量元素较全,又含水溶性腐殖酸和多种植物营养素,无毒、无害、无污染。将它用于喷施,吸收率高,土壤不板结,具有"促芽、促根、促叶、保果、增实、提质、抗病、早熟"等作用。及时治虫也是栽培中的关键环节,白变型筋腐病与昆虫传播烟草花叶病毒有关,在整个生长期内要选用 10% 吡虫啉可湿性粉剂 2 000 倍液,40% 粉虱绝 6 000 倍液及时杀灭蚜虫、飞虱等传播媒介,同时用病毒 A 可湿性粉剂 500 倍液或 1.5% 植病灵可湿性粉剂 1 500 倍液喷雾防治。

2. 番茄脐腐病的发生原因与防治　脐腐病又叫顶腐病、蒂腐病、黑膏药等,是由于水分失调或施肥不当引起土壤中钙的缺少,造成果顶部位缺钙,使得组织坏死的一种生理性病害。

（1）**主要症状**　该病的症状在番茄如乒乓球大小至鸡蛋大小的幼果期即开始发生。果实脐部先形成暗绿色水渍状斑,接着有黑褐色小点,果顶变成黑褐色,后逐渐变成黑色,严重时病斑扩展至半个果面,果肉组织干腐,组织破坏凹陷。因腐生菌寄生而形成黑色霉状物。接近成熟期的青果易发生此现象。幼果发病后,果实增大而病斑不增大,受害果实提早变色成熟。脐腐病的发生部位并不仅仅局限在脐部,有时也在脐部外侧发生。番茄脐腐病只危害果实,并且多发生在果实迅速膨大期。

（2）**发生原因**　主要原因是土壤干旱,植株果实部位缺钙。因为钙在植物体内是不容易移动的,土壤干旱时根不能从土壤中吸收钙。或因土壤中氮含量多,营养生长旺盛,果实不能及时得到钙。高温干旱或低温高湿时此病发生较多。

（3）**防治方法**

1）补钙　土壤缺钙时,亩用硅、钙肥或碳酸钙50～100 千克均匀撒施于地面并翻入耕层。在番茄坐果期,每隔 10～15 天喷 1 次 20% 番茄钙 1 000 倍液,要喷到果穗及上部叶。

2）平衡施肥　避免施用氮肥过多,特别是速效氮肥不要一次施用过量。

3）适时浇水　防止土壤时干时湿,特别是不要使土壤过分干旱。

4）注意调节土壤的酸碱度　防止土壤呈酸性,导致根系吸收钙困难(可用少量石灰加以调节)。

3. 番茄出现网纹果的原因与防治

（1）主要症状　所谓网纹果就是在番茄果实膨大期透过果实的表皮可以看到网状的维管束,接近着色期更为严重,到了收获期网纹仍不消失。

（2）发生原因　网纹果多出现在气温较高的夏秋季节。土壤氮素多,地温较高,土壤黏重,且水分多,土壤中肥料易于分解,植株对养分吸收急剧增加,果实迅速膨大,最易形成网纹果。土壤干旱,根系不能很好地吸收磷、钾肥,或磷、钾肥在体内移动困难,代谢紊乱,也易形成网纹果。

（3）防治方法　选用生长势强的品种。控制氮肥的施用量,若土壤肥沃就不要施用过多的易分解的鸡粪等有机肥。在气温升高时,保护地内应加强通风,防止气温和地温急剧上升。适时浇水,避免土壤长时间干旱或土壤忽干忽湿。叶面喷施磷酸二氢钾或爱多收水剂。

4. 番茄木栓化硬皮果的原因与防治

（1）主要症状　植株中上部容易出现木栓化硬皮果。病果小且果形不正,表面产生块状木栓化褐色斑,严重时斑块连接成大片,并产生深浅不等的龟裂。病部果皮变硬。

（2）主要原因　因植株缺硼引发木栓化硬皮果。土壤酸化,硼大量淋失,或使用过量石灰都容易引发硼缺乏。土壤干旱,有机肥施用少,也容易导致缺硼。钾肥使用过量,可抑制对硼的吸收。在高温情况下植株生长加快,因硼在植株体内移动性差,硼往往不能及时、充分分配到急需部位,也可造成局部缺硼。

（3）防治方法

1）施用硼肥　在基肥中适当增施含硼肥料。出现缺硼症状时,用硼砂1 000倍液喷洒叶面,每隔7～10天喷1次,连喷2～3次。也可亩随水冲施硼砂0.5～0.8千克。

2）增施有机肥料　有机肥中营养元素较为齐全,含硼较多,可补充一定量的硼素。

3）改良土壤　保护地要防止土壤酸化或碱化。一旦土壤出现酸碱化,要加以改良,以调整到中性或稍偏酸性为好。

4）科学浇水　合理浇水,保证植株水分的供应。防止土壤干旱或过湿,否则会影响根系对硼的吸收。

5. 番茄斑点和裂痕症的原因与防治

（1）发生原因

1）浇水不当　番茄在生长过程中的果实膨大期需水分最多。进入成熟期,需水分相对减少。有的菜农为了追求高产,过多地浇水,认为越到成熟期,越应多浇水,从而造成棚室内湿度大,不利于果实成熟,容易出现病害。

2)过多地喷洒农药　保护地内湿度过大容易引起细菌滋生,出现病害。一般的灭菌方法是用喷雾器喷洒农药,喷洒次数过多,也会造成保护地内湿度过大。

3)不恰当地施肥　番茄进入成熟期,对肥料和水的需要量已减少,部分菜农习惯以水带肥(依靠浇水把肥料冲入保护地内),追肥后又连续浇水。由于植株不能吸收这么多水分,造成保护地内湿度增大。

4)不能适时放风排湿　当保护地内湿度过大时,应当做好放风排湿工作。但有的菜农为了在光照不好的情况下保持保护地内温度,而不注意降低保护地内湿度。因此,要使番茄果实在成熟期不产生裂痕和斑点,必须合理浇水、施肥,以降低保护地内的湿度。

（2）防治方法

1)施足底肥　在移栽前,以人、畜肥为主。亩施底肥不少于6 000～7 500千克。这样可适当减少番茄生长期追肥的次数。

2)合理追肥　追肥应在果实成熟期前,因为这时番茄果实迅速膨大,对肥料的需要量大。追肥要尽量使用氮肥;要采取多种方法施肥(如喷洒叶面肥等),减少用水冲的次数,尽量不造成保护地内湿度过大。

3)适时浇水　果实膨大期应当多浇几次水(春季10～15天浇水1次,秋季20～25天浇水1次)。但是,果实成熟期应少浇水,需要浇水时,也尽量不采用大水漫灌的形式,使土壤湿润即可。

4)定时放风排湿　保持保护地内适当的温、湿度,白天为20～25℃,夜间为15～18℃;空气相对湿度为50%～65%。

5)采用多种方法施用农药　尽量避免果实成熟期采用单一的喷洒用药法,以防人为地增大保护地内湿度,可采用烟熏等多种科学的用药方式。

6. 番茄裂果的原因与防治　裂果是一种生理病害。果实发生裂纹以后,容易在裂纹处感染晚疫病,或被细菌侵染而腐烂,大幅度降低番茄的品质。

（1）主要症状　番茄裂果多发生在果实成熟期,是一种常见的生理病害。主要有环状裂果、放射状裂果、顶裂果和细碎纹裂果4种。同心环状纹裂是以果柄为中心,在附近的果面上发生同心环状断续的微细裂纹,严重时呈环状开裂。不论是哪一种裂果,都是因为果实表面失去弹性,不能抵抗果实内部强大的膨压而产生裂果。

1)环状裂果　环状裂果的果实表面以果蒂为中心呈环状裂沟。果实出现裂果后不耐储运,商品性降低,还易感染杂菌,造成烂果。放射状裂果果蒂附近发生放射状裂痕,果肩部同心状龟裂。

2)顶裂果　顶裂果一般在花柱痕迹的中心处开裂,有时胚胎组织及种子随果皮外翻、裸露,受害果实难看,严重时失去商品价值。

3)细碎纹裂果　细碎纹裂果果实表面出现密集的细小的木栓化纹裂,纹裂宽0.5～1毫米,长3～10毫米,通常以果蒂为圆心,呈同心圆状排列,也有的纹裂呈不规则形,随机排列。

4)放射状纹裂　是以果柄为中心,向果肩部延伸,呈放射状开裂。

（2）发生原因　裂果虽与品种有关,一般果皮薄、果实扁圆形、大果型品种易裂果,但主要原因是水分失调。特别是在高温强光、干旱的情况下,果柄附近的果面产生木栓层,而果实内部细胞中糖分浓度提高,膨压升高,细胞吸水能力增强,这时如浇水过多或降水过多,果实内部细胞大量吸水膨大,就会将木栓化的果皮胀破开裂。在有露水或供水不均匀的情况下,果面潮湿,老化的果皮木栓层吸水膨胀,会形成细小的裂纹。产生顶裂果的直接原因是在番茄开花时,对花器供钙不足造成的。当番茄吸收钙较少时,其体内的草酸不能形成草酸钙,而使草酸呈游离状态,从而对心叶、花芽产生损害,进而导致顶裂果的产生。有时土壤中钙的含量虽然不少,但是土壤中同时又存在大量的镁、钾离子,从而阻碍了植株对钙离子的吸收。在夜温过低、土壤干旱、施肥过多等情况下,也会阻碍植株对钙的吸收。

（3）防治方法

1)选择品种　选择种植不易裂果的品种。

2)科学整地施肥　深翻土,多施有机肥,氮、钾肥不可过多施用;促进根系生长,采取高畦深栽,缓解水分急剧变化对植株产生的不良影响。

3)科学浇水　避免土壤忽干忽湿,特别要防止土壤久旱后过湿,果实生长盛期土壤相对湿度保持在80%左右。

4)果穗套袋　有条件的可将整个果穗套袋保护,对防止环状裂果非常有效。

5)补充钙肥和硼肥　可叶面追施硫酸钙晶体1 000倍液,增强番茄果面抗裂性。

6)通风排湿　保护地要及时通风,降低空气湿度,缩短果面结露时间。

7. 番茄成熟果实着色不良的原因与防治

（1）大红番茄果实成熟时呈黄褐色的原因与防治

1)主要症状　果实成熟时呈黄褐色或茶褐色,表面发乌,光泽度差,商品性明显降低。

2)发生原因　番茄着色是由于叶绿素分解形成番茄红素的缘故,光照不足只能使果实着色缓慢,而不是着色不好。如果氮肥过多,叶绿素就会增多,分解形成番茄红素的过程就会推迟,使果实着色不好。但在缺少氮、钾肥时,叶绿素分解形成番茄红素的过程也会受到影响,使果实着色不良。温度也是影响着色不良的原因,高温还会导致着色不良,形成黄色果实。

3)防治方法　在合理施用氮、钾肥的同时,设施内要保持适宜的温度。一般在果实膨大前期夜间温度不能低于5℃,果实膨大的后期是着色期,温度必须保持在25℃左右。低温期栽培,在适当提高温度的同时,要及时摘除老叶,增加采光。

（2）番茄绿肩果病的发生原因与防治

1)主要症状　有绿肩、污斑、褐心等。绿肩是有些品种的特性,但有些品种在高温、阳光直射下易发生。污斑是果皮组织中出现黄白色或褐色斑块。褐心是果肉部分褐变,木质化。番茄萼片周围的果面呈绿色,主要是缺钾造成的,俗称"绿肩病"。下部叶片出现黄褐色斑,症状从叶尖和叶尖附近开始,叶色加深,灰绿色,少光泽。小叶呈灼烧状,叶缘卷曲。老叶易脱落。果实发育缓慢,成熟不齐,着色不匀,果蒂附近转色慢。

2)发生原因 易在偏施氮肥、番茄植株生长过旺的情况下发生,尤其在氮肥多、钾肥少、缺硼、土壤干燥时发病最为严重。高温直射光使温度升高,影响番茄红素形成以及影响种子密度。有污斑处种子密度低。缺钾果实维管束易木质化,缺硼果肩残留绿色。注意:在果实肥大盛期果肉水分缺乏,会使果皮呈网目状,果肉硬化,着色不良。

3)防治方法 亩施钾肥 10~20 千克,分次施用;叶面喷施磷酸二氢钾 200 倍液;增施有机肥料;合理轮作;土壤过分干旱时要适当浇水。选择无污斑的品种;增加有机肥料,提高土壤肥力,促进枝叶生长,合理整枝,避免果实受阳光暴晒;果实肥大期加强肥水管理。

8. 番茄发生畸形果的原因与防治

(1)主要症状 主要发生在第一穗果,也有少数发生在第二穗果的个别果实,主要形成各种奇形怪状的多心皮果实。常见的畸形果形状有凹顶、歪扭、桃形、瘤状、扁圆、尖顶、多棱、椭圆、指形果、多室双体果、空心果等。

(2)发生原因 除和品种的特性、播期过早有关系外,低温、营养不良和激素处理不当,也是畸形果发生的主要原因。花芽分化不正常,形成多心室的子房是导致畸形果出现的根本原因,冬季和早春育苗时,如果从花芽分化开始,连续遇到 7 天左右低于 8℃ 的夜温、低于 20℃ 的昼温,则第一个花序的第一个果会发生畸形;如果直至第七片真叶展开,一直处于不良环境,则前 3 穗果都会发生畸形。氮肥过多,根冠比例失调,定植时苗质量不够壮苗标准,营养物质形成少,遇低温、日照不足,使花器及果实不能充分发育。低温,偏氮肥,水肥、光照不足,养分过剩使生殖生长过旺,也能产生畸形果。根据实际生产观察,生长激素的使用浓度与畸形果率有一定的关系。使用激素时,如气温高、使用浓度低,不仅不影响果实形状,而且可提高坐果率;相反,在使用激素时,如气温高,使用浓度也高,尽管坐果率有提高,但畸形果率也提高,使番茄果实失去商品价值。

(3)防治方法 ①选择对低温不敏感且商品性好的高产品种。②育苗期白天温度应保持20℃,夜间温度保持在10℃左右,使植株花芽分化、生长发育正常。③加强管理,适当控制肥水,营养要素配合适当,防止偏施氮肥。④适期播种、定植,为植株生长发育创造一个稳定的良好环境。⑤用 2,4-D、防落素、番茄灵等激素蘸花,要注意蘸花的时间、温度,并掌握好使用浓度。

9. 番茄果实日灼病的发生原因与防治

(1)主要症状 日灼病又名日伤病、日烧病,主要危害果实。果实向阳面有光泽,似透明的革质状,后变黄褐色斑块。有的出现皱纹,干缩变硬而凹陷,果肉变成褐色状。当日灼部位受病菌侵染或寄生时,长出黑霉或腐烂。一般天气干旱,土壤缺肥,处在转色期前后的果实,受强烈日光照射,致使向阳果面温度过高而引起灼伤。

(2)防治方法 增施有机肥料,增强土壤保水力。在绑蔓时应把果实隐蔽在叶片间,减弱阳光直射。摘心时,要在最顶层花序上面留2～3片叶子,以利覆盖果实,减少日灼。及时浇水,降低植株体温。阳光过强时,可隔畦覆盖帘子或覆盖遮阳网。喷施0.1%硫酸锌或硫酸铜,以增强番茄抗日灼能力。

10. 番茄僵果的发生原因与防治

(1)主要症状　僵果又叫小豆果,是激素处理后的产物,激素处理后,果柄便不能产生脱落酸,但由于缺乏营养,果实不能充分发育,生长迟缓,尚未充分肥大就开始着色。一般坐果多,气温低,日照差,地温低,养分吸收不良等易诱发僵果的产生。

(2)防治方法　通过提高地温、气温,以促进养分的吸收和体内的代谢,植株长势较弱时,不但不用激素保花,而且还要人工疏花疏果,以防止僵果的发生。

11. 大脐果

(1)主要症状　大脐果也叫大疤果。主要是果实顶部的果脐变形、增大,有时产生一层坚硬黑皮,凹凸不平,黑皮还易胀破,种子向外翻卷露出,尽管其他部分能正常红熟,风味还好,但严重影响果实外观和商品价值。

(2)发病原因　产生大疤果实的原因较复杂,与品种也有很大关系,特别是一些大果型品种的第一花穗第一果实,容易出现畸形花,也叫"鬼花",表现为花朵增大,柱头粗扁,子房形状不正,多心皮,这种花易形成大脐果。大脐果还与苗期外界条件的影响有关。幼苗2～3片真叶进行花芽分化时,如土壤过干或温度过低,影响花芽形成的质量,易产生畸形子房。

(3)防治方法　苗期要严格控制温度,加强管理,避免干旱和低温。同时对于个别大果型品种的第一花穗中的畸形花要及时摘除。

12. 番茄空心果

(1)主要症状　胎座组织生长不充实,果皮部与胎座种子胶囊部分间隔空隙过大,使种子腔成为空洞。从外表看,番茄果实有棱角;切开看横断面呈多角形。

(2)发生原因　①品种的心室数目少。心室数目少的品种易发生番茄空心果。一般早熟品种心室数目少,中晚熟的大果型品种心室数目多。②受精不良。花粉形成时遇到35℃以上的高温,且持续时间较长,授粉受精不良,会形成空心果。果实发育中果肉组织的细胞分裂和种子成熟加快,与果实生长不协调,也会形成空心果。③激素使用不当。用激素蘸花时,激素浓度过大、重复蘸花或蘸花时花蕾幼小均易产生空心果。④光照不足。由于光合产物减少,向果实内运送的养分供不应求,造成生长不协调,也会形成空心果。⑤疏于管理,致使盛果期和生长后期肥水不足营养跟不上,碳水化合物积累少,也会出现空心果。⑥迟开花果。同一花序中迟开花朵形成的果实,如果营养物质供不上,也易形成空心果。

(3)防治方法　①选用心室多的品种。②合理使用激素。每个花序有2～3朵花开放时喷施激素,防落素浓度为15～25毫克/千克;用番茄灵蘸花时浓度为25～40毫克/千克,2,4-D为10～20毫克/千克,要抹花不要蘸花,不要重复使用;在高温季节应相应地降低浓度。蘸花时,必须是开成喇叭口状的花,浓度要准确,量不宜过多,不要重复蘸花。③施足基肥。采用配方施肥技术,合理分配氮、磷、钾,调节好根、冠比,使植株营养生长与生殖生长协调平衡发展。结果盛期,及时追足肥、浇足水,满足番茄对营养的需要,若有早衰现象应及时进行叶面喷肥。④合理调控光照和温度,创造果实发育的良好环境条件。苗期和结果期温度不宜过高,特别是苗期要防止夜温过高、光照不足;开花期要避免35℃以上的高温对授粉的危害。⑤防止用小苗龄的幼苗定植。小苗定植根旺,吸收力强,氮素营养过剩也易形成空洞果。⑥适时摘心。摘心不宜过早,使植株营养生长和生殖生长协调发展。

13. 番茄烂果

(1)绵腐病引起烂果

1)症状　绵腐病又叫褐色腐败病,在夏秋季节暴雨过后易发生,主要侵害未成熟的果实。首先在果顶或果肩部出现表面光滑的淡褐色斑,有时长有少量白霉,后逐渐形成同心轮纹状斑,形如牛眼,渐变为深褐色,皮下果肉也变褐,后期整个果实腐烂脱落。

2)防治方法　及时摘除病果,带出田外深埋或焚烧;注意整枝,改善田间通风透光条件;发病初期,及时喷洒75%百菌清可湿性粉剂600~800倍液,或70%代森锰锌可湿性粉剂400~600倍液,7~10天喷1次,连喷3~4次。

(2)软腐病引起的烂果

1)症状　软腐病多发生在青果上,发病后果皮保持完整,但内部果肉迅速腐烂,并有恶臭味,易脱落;干燥后形成白色僵果。

2)防治方法　早整枝、打杈,避免阴雨天气或露水未干前整枝;及时防治蛀果害虫,减少虫伤;发病前或发病初期,及时用150~200毫克/千克农用链霉素溶液或70%敌磺钠可湿性粉剂1 000倍液喷雾防治。

(3)炭疽病引起烂果

1)症状　炭疽病主要侵害未成熟的果实,病部初期产生水渍状透明小斑点,扩大后呈褐色,略凹陷,具同心轮纹,其上密生黑点,并分泌淡红色黏状物,最后整个病果腐烂或脱落。

2)防治方法　做好种子消毒工作;实行轮作;适时采收健果,及时摘除病果;发病前或发病初期,及时选用70%代森锰锌可湿性粉剂400~600倍液,或75%百菌清可湿性粉剂600~800倍液,或50%多菌灵可湿性粉剂800倍液,或80%炭疽福美可湿性粉剂800倍液喷雾防治。

(4)镰刀菌果腐病引起的烂果

1)症状　镰刀菌果腐病主要危害成熟果实,病部初呈淡色,后变褐色,无明显边缘,扩展后遍及整个果实;湿度大时,病部密生略带红色的棉絮状菌丝体,最后导致果实腐烂。

2)防治方法　及时摘除病果,并集中处理;防止健果与地面接触;果实着色前喷洒50%百菌通可湿性粉剂500倍液或70%甲基硫菌灵悬浮剂800倍液。

(5)丝核菌果腐病引起的烂果

1)症状　丝核菌果腐病只危害成熟果,病部初呈淡色水渍状,后扩展成暗色略凹陷的斑块,表面产生褐色蛛丝状霉层,后期病斑中心开裂,果实腐烂。

2)防治方法 防止田间积水;果实成熟后及时采收;发病前或发病初期喷洒5%井冈霉素水剂1 500倍液或1:1:200的波尔多液。

（6）实腐病引起的烂果

1)症状 多在青果上发生。果实表皮常带有黑褐色圆形病斑,略凹陷,用手摸病部较紧硬,不软化腐烂,病果往往不脱落。

2)防治 亩用50%甲基硫菌灵可湿性粉剂150克加水75千克喷雾防治。

第六节　番茄生理性病害的发生与防治技术

一、番茄12种常见营养元素缺乏症的诊断与防治技术

1.缺氮症

（1）症状 植株矮小,茎细长,叶淡绿色,小而瘦长,上部叶更小。下部叶片先失绿黄化,并逐渐向上部扩展。黄化从叶脉开始,而后扩展到全叶,严重时下部叶片全部黄化,茎秆发紫,花芽变黄而脱落,植株未老先衰。果实膨大慢,坐果率低。

（2）发生原因 在前茬施用有机肥和氮肥少造成土壤中氮素含量低,施用作物秸秆或未腐熟的有机肥太多,沙土、沙壤土的阳离子代换量小等情况下容易发生缺氮症。氮肥施用不足或施用不均匀、灌水过量等也是造成缺氮的主要因素。

（3）诊断 在一般栽培条件下,番茄明显缺氮的情况不多,要注意下部叶片颜色的变化情况,以便尽早发现缺氮症。有时其他原因也能产生类似缺氮症状,如下部叶片色深,上部茎较细、叶小、色淡,可能与阴天光照不足有关;尽管茎细叶小,但叶片不黄化,叶呈紫红色,可能是缺磷症;下部叶的叶脉、叶缘为绿色,黄化仅限于叶脉上,可能是缺镁症;整株在中午出现萎蔫、黄化现象,可能是土壤传染性病害,而不是缺氮症。

（4）防治方法 施用氮肥,温度低时施用硝态氮化肥效果好;施入腐熟堆肥及有机肥。叶面喷施氮素化肥,亩每次追施尿素7~8千克随水浇施。也可用0.5%尿素进行叶面喷肥,7~10天喷1次,连续喷2~3次。

2.缺磷症

（1）症状 番茄缺磷初期茎细小,严重时叶片僵硬,并向后卷曲。叶正面呈蓝绿色,背面和叶脉呈紫色。老叶逐渐变黄,并产生不规则紫褐色枯斑。幼苗缺磷时,下部叶变绿紫色,并逐渐向上部叶扩展。结果期缺磷时,果实小、成熟晚、产量低。

（2）发生原因 土壤中磷含量低,磷肥施用量少;低温影响磷的吸收。

（3）诊断　番茄生育初期往往容易发生缺磷,在地温较低、根系吸收磷素能力较弱的时候容易缺磷;中期至后期可能是因土壤磷素不足或土壤酸化,磷素的有效性低引起的土壤供磷不足使番茄缺磷;移栽时如果伤根严重时容易缺磷。有时药害能产生类似缺磷的症状,要注意区分。

（4）防治方法　缺磷土壤要补施磷肥。在育苗时要注意施足磷肥,每100千克营养土加过磷酸钙3~4千克;在定植时亩施用磷酸二铵20~30千克,腐熟厩肥3 000~4 000千克,对发生酸化的土壤,亩施用石灰30~40千克,并结合整地均匀地把石灰耙入耕层。定植后要保持地温不低于15℃。叶面喷施磷酸二氢钾200倍液,7天1次,连续喷施2~3天。

3. 缺钾症

（1）症状　生育初期根系发育不良,植株生长受阻,中部和上部的叶片叶缘黄化,以后向叶肉扩展,最后褐变、枯死,并扩展到其他部位的叶片,严重时下部叶枯死脱落。茎较细弱木质化,不再增粗。果实成熟不均匀,果形不规整,果实中空,与正常果实相比变软,缺乏应有的酸度,果味变差。

（2）发生原因　土壤中钾含量低,特别是沙土往往容易缺钾。在番茄生育盛期,果实发育需钾多,此时如果钾的供应不充足就容易发生缺钾症;当使用碱性肥料较多时,影响植株对钾的吸收,也易发生缺钾;日照不足,温度低时易发生缺钾症,地温低时番茄对钾吸收减弱,容易发生钾素缺乏;含有钾的有机物及钾肥施用量少,容易造成缺钾症状。

（3）诊断　钾肥用量不足的土壤,钾素的供应量满足不了吸收量时,容易出现缺钾症状。番茄生育初期除土壤极度缺钾外,一般不发生缺钾症,但在果实膨大期则容易出现缺钾症。如果植株只在中部叶片发生叶缘黄化褐变,可能是缺镁。如果上部叶叶缘黄化褐变,可能是缺铁或缺钙。要注意区分症状差别,进行判断。

（4）防治方法　首先应多施有机肥,在化肥施用上,应保证钾肥的用量不低于氮肥用量的1/2。提倡分次施用,尤其是在沙土地上要供应充足的钾肥,特别在生育中后期更不能缺少钾肥;保护地冬春季栽培时,日照不足,地温低时往往容易发生缺钾,要注意增施钾肥。

4. 缺钙症

（1）症状　番茄缺钙初期叶正面除叶缘为浅绿色外,其余部分均呈深绿色,叶背呈紫色。叶小、硬化,叶面褶皱。后期幼芽变小,黄化;距生长点近的幼叶周围变为褐色,有部分枯死或萎缩,叶尖和叶缘枯萎,叶柄向后弯曲死亡,生长点停止生长至坏死,老叶的小叶脉间失绿,并出现坏死斑点,叶片很快坏死。果脐处变黑,形成脐腐;在生长后期发生缺钙时,茎叶健全,仅有脐腐果发生;在第一穗果附近出现的脐腐果比其他果实着色早。根系发育不良并呈褐色。

（2）发生原因　当土壤中钙不足时易发生;虽然土壤中钙多,但土壤盐类浓度高时也会发生缺钙的生理障碍;施用氮肥过多时容易发生;土壤干燥时易出现缺钙症状;当施用钾肥过多时会出现缺钙情况;空气相对湿度低、连续高温时容易发生缺钙症。

（3）诊断　缺钙植株生长点停止生长，下部叶正常，上部叶异常，叶全部硬化。如果在生育后期缺钙，茎、叶健全，仅有脐腐果发生。脐腐果比其他果实着色早。如果植株出现类似缺钙症，但叶柄部分有木栓状龟裂，这种情况可能是缺硼。如果生长点附近的叶片黄化，但叶脉不黄化，呈花叶状，这种情况可能是病毒病。如果脐腐果生有霉菌，则可能为灰霉病，而不是缺钙。

（4）防治方法　在沙性较大的土壤上每茬都应多施有机肥，如果土壤出现酸化现象，应施用一定量的石灰，避免一次性大量施用铵态氮肥。并要适当灌溉，保证土壤水分适宜，使钙处于容易被吸收的状态；土壤诊断为缺钙时，要充足供应钙肥；实行深耕，多浇水；叶面喷洒高钙可溶性粉剂或番茄钙可溶性粉剂 1 000 倍液，每隔5～7天喷1次，共喷2～3次。

5. **缺镁症**

（1）症状　番茄缺镁时植株中下部叶片从主脉附近开始变黄失绿，在果实膨大盛期靠果实近的叶先发生；叶脉间有模糊的黄化现象出现，慢慢地扩展到上部叶；生育后期老叶只有主脉保持绿色，其他部分黄化，而小叶周围常有一窄条绿边。初期植株体形和叶片体积均正常，叶柄不弯曲。后期严重时，老叶死亡，全株黄化。果实无特别症状。

（2）发生原因　低温影响了根对镁的吸收；土壤中镁含量虽然多，但由于施钾过多影响了番茄对镁的吸收时也易发生；当植株对镁的需要量大而根不能得到满足时也会发生。

（3）诊断　缺镁症状一般是从下部叶开始发生，在果实膨大盛期靠近果实的叶先发生。叶片黄化先从叶中部开始，以后扩展到整株叶片。但有时叶缘仍为绿色。诊断时需要注意的是：如果黄化从叶缘开始，则可能是缺钾。如果叶脉间黄化斑不规则，后期长霉，可能是叶霉病。长期低温，光线不足，也可出现黄化叶，而不是缺镁。

（4）防治方法　提高地温，在番茄果实膨大期保持地温在15℃以上；增施有机肥；测定土壤，如土壤中镁不足时要补充镁肥；如果发现第一穗果附近叶片出现缺镁症状时，可用高镁可溶性粉剂 1 000 倍液，5～7天喷洒茎叶 1 次，共喷2～3次。

6. **缺硫症**

（1）症状　整个植株生长基本无异常，只是中上部叶的颜色比下部颜色淡，严重时中上部叶变成淡黄色；硫在植株体内移动性差，缺硫症状往往发生在上部叶；缺硫植株下部叶生长正常。

（2）发生原因　塑料大棚、日光温室等保护地栽培长期连续用无硫酸根肥料时易发生。

（3）防治方法　施用硫酸铵、过磷酸钙和含硫肥料。

7. **缺硼症**

（1）症状　新叶停止生长，幼苗顶部的第一花序或第二花序上出现封顶，植株呈萎缩状态；茎弯曲，茎内侧有褐色木栓状龟裂；果实表皮木栓化，且有褐色侵蚀斑；大田植株是从同节位的叶片开始发病,其前端急剧变细,停止伸长,叶色变成浓绿色。小叶失绿呈黄色或枯黄色,叶片细小,向内卷曲,畸形。叶柄上形成不定芽,茎、叶柄和小叶叶柄很脆弱,易使叶片突然脱落。根生长不良,并呈褐色。果实畸形。

(2)发生原因 土壤酸化,硼素被淋失掉,或石灰施用过量都易引起硼的缺乏;土壤干燥,有机肥施用量少容易发生缺硼;施用钾肥过量容易发生缺硼。

(3)诊断 生长点变黑,停止生长,在叶柄的周围看到不定芽,茎木栓化,有可能是缺硼。但在地温低于5℃的条件下也可出现顶端停止生长的现象。另外,番茄病毒病也表现顶端缩叶和停止生长,应注意二者之间的区别。番茄在摘心的情况下,也能造成同化物质输送不良,并产生不定芽,也不要混淆。

(4)防治方法 增施有机肥,提高土壤肥力,注意不要过多地施用石灰肥料和钾肥。提前基施含硼的肥料。及时浇水,防止土壤干燥,预防土壤缺硼。在沙土上建设的保护地,应注意施用硼肥,亩用硼砂0.5~1.0千克,与有机肥充分混合后施用。发现番茄缺硼症状时,叶面喷施21%高硼可溶性粉剂1 000倍液,5~7天喷1次,连续喷2~3次。

8. 缺铁症

(1)症状 新叶叶片褪绿黄化,但包括小分枝的叶脉仍为绿色。在腋芽上也长出叶脉间黄化的叶。

(2)发生原因 土壤含磷多、土壤呈碱性时易发生缺铁;如磷肥用量太多,将影响对铁的吸收,容易发生缺铁;当土壤过干、过湿、低温时,根的活力受到影响会发生缺铁;铜、锰太多时,容易与铁产生拮抗作用,从而出现缺铁症状。

(3)防治方法 当pH 6.5~6.7时,要禁止使用碱性肥料而改用生理酸性肥料。当土壤中磷过多时可采用深耕、客土等方法降低其含量。如果缺铁症状已经出现,可用0.5%~0.1%硫酸亚铁水溶液或100毫克/千克柠檬酸铁水溶液喷雾防治,5~7天喷1次,共喷2~3次。

9. 缺锌症

(1)症状 从中部叶开始褪色,与健康叶比较,叶脉清晰可见;随着叶脉间逐渐褪色,叶缘由黄化变成黑色斑点或变紫;因叶缘枯死,叶片向外侧稍卷曲;缺锌严重,生长点附近的节间缩短。

(2)发生原因 光照过强易发生缺锌;若吸收磷过多,植株即使吸收了锌,也表现缺锌症状;土壤pH高,即使土壤中有足够的锌,但其不溶解,也不能被番茄所吸收利用。

(3)防治方法 不要过量施用磷肥,缺锌土壤亩施用硫酸锌1.5千克。植株出现缺锌症状时,可用25%高锌可溶性粉剂1 000倍液喷洒叶面,5~7天喷1次,连续喷2~3次。

10. 缺铜症

(1)症状 节间变短,全株呈丛生枝;初期幼叶变小,老叶脉间褪绿。严重缺铜时,叶片呈褐色,叶片枯萎,幼叶褪绿。

（2）发生原因　碱性土壤易缺铜。

（3）防治方法　增施酸性肥料。植株出现缺铜症状时,用0.3%硫酸铜水溶液叶面喷雾。

11. 缺锰症

（1）症状　植株幼叶叶脉间褪绿呈浅黄色斑纹,严重时叶片均呈黄白色,植株蔓变短、细弱,花芽常呈黄色。

（2）发生原因　碱性土壤容易缺锰。检测土壤 pH,出现症状的植株根际土壤呈碱性,有可能缺锰。土壤有机质含量低也易缺锰,如肥料一次施用量过多、土壤盐类浓度过高时,将影响锰的吸收,就会发生缺锰症。

（3）防治方法　增施有机肥;科学施用化肥,勿使肥料在土壤中造成高浓度。植株出现缺锰症状时,叶面喷施0.2%硫酸锰水溶液。

12. 缺钼症

（1）症状　植株生长势差,幼叶褪绿;叶缘和叶脉间的叶肉呈黄色斑状,叶缘向内部卷曲,叶尖萎缩,常造成植株开花不结果。

（2）发生原因　酸性土壤易缺钼。

（3）防治方法　改良土壤,防止土壤酸化。植株出现缺钼症状时,叶面喷施0.05%～0.1%钼酸铵水溶液,间隔7～10天再喷1～2次。

二、番茄6种常见营养元素过剩症的诊断与防治技术

1. 氮过剩

（1）症状　氮素过剩时,植株长势过旺,呈倒三角形,节间长,茎上出现褐色斑点;叶片呈墨绿色而且大,下部叶片有明显的卷叶现象,叶脉间有部分黄化。根系变褐色。果实发育不正常,常有脐腐病果发生。

（2）发生原因　氮肥或有机肥施用量过大。

（3）防治方法　控制追肥;降低夜温,防止长势过旺;当脐腐果较多时要增加浇水量。

2. 磷过剩

（1）危害　磷过剩不但影响对微量元素和镁的吸收利用,而且对番茄体内的硝酸同化作用也产生不利影响。

（2）防治方法　土壤中磷素富集是土壤熟化程度的重要标志,往往熟化程度越高的老菜田,土壤中磷素的富集量也越高。应当通过控制磷肥的用量,防止土壤中磷素的过剩。同时,通过调节土壤环境,提高土壤中磷的有效性,促进番茄根系对磷素的吸收,改善番茄生长发育状况。

3. 钾过剩

（1）症状　钾素过剩时,叶片颜色变深,叶缘上卷;叶的中脉凸起,叶片高低不平;叶脉间有部分褪绿;叶全部轻度硬化。

（2）发生原因　钾过剩在露地栽培情况下发生少,在保护地栽培情况下发生较

多;连年大量施用家畜粪尿易发生;施用钾肥多时也会发生。

（3）防治方法　发生钾过剩症状后要增加灌水,以降低土壤中钾的浓度。农家肥施用量较大时,要注意减少钾肥的施用量。

4. 硼过剩

（1）症状　硼过多时,叶片初期和正常叶片一样,后来顶部叶片卷曲,老叶和小叶的叶脉灼伤卷缩,后期下部叶缘变白,下陷干燥,叶脉间出现不规则的白斑,斑点发展,有时形成褐色同心圆。卷曲的小叶变干呈纸状,最后脱落。症状逐渐从老叶向幼叶发展。

（2）发生原因　硼肥施用量过大,或用含硼废水灌溉。

（3）防治方法　由于番茄需硼适量和过多之间的差异较小,要严格控制硼肥施用量,以免施用过量造成毒害。用硼肥作基肥,亩用量为 0.25～0.5 千克,施用时避免与种子直接接触。在沙质土壤中,用量应适当减少。如果土壤有效硼含量过多或由于施用硼肥不当而引起作物毒害时,适当施用石灰可以减轻毒害。此外,可加大灌水量使硼素流失。不用含硼废水灌溉番茄田。

5. 锰过剩

（1）症状　锰过剩时稍有徒长现象,生长受抑制,顶部叶片细小,小叶叶脉间组织失绿。老叶叶脉间发生许多黑褐色的小斑点,后期中肋及叶脉死亡,老叶首先脱落。上部叶的表现与缺铁症状一样。

（2）发生原因　土壤酸化、黏重,浇水过多和土壤通气不良;使用过量未腐熟的有机肥时,容易使锰的有效性增大而发生锰中毒。过多施用含锰的农药也会发生锰过剩。

（3）防治方法　适量施用锰肥,酸性土壤出现锰中毒可用石灰进行改良、化解;土壤黏重可用掺沙的办法改良;注意控制浇水量;防止过量施用化肥和未腐熟的有机肥。在还原性强的土壤中,要加强排水,促使土壤处于氧化状态。

6. 锌过剩

（1）症状　锌过多时,生长矮小,有徒长现象,幼叶极小,叶脉失绿,叶背变紫;老叶则激烈地向下弯曲,以后叶片变黄脱落。

（2）防治方法　锌过剩应调节土壤的酸碱度,土壤酸性时易产生锌过剩。适当地调整适合于植物生长的酸碱度尤为重要。亩施用石灰 53 千克,配成石灰乳状态流入畦的中央。另外,磷的过多施用可抑制锌的吸收,可适当增加磷的施用量。

三、番茄嫩茎穿孔病的发生原因与防治

1. **发病症状**　主要发生在番茄生长点以下 8～12 厘米处的幼嫩茎部和果实。嫩茎受害初为针刺状小孔,并且茎部逐渐由圆形变为扁圆状,继而由针孔处开裂并不断变大,最后形成蚕豆粒大小的穿孔状,下部至茎与上部生长点仅靠两边表皮的极少部分组织相连。穿孔部位表皮开裂,韧皮部外露。受害株初穿孔部位的嫩茎横截面输导组织及髓变黄,继而发黑呈木栓化。植株受害后,开始生长点部位生长缓慢,开

花延迟，严重时植株上部变黄发干而死亡，形成秃顶植株。

果实受害后，果面上有孔洞，从外面可看到果肉内胶状物质，果实失去商品和食用价值。

2. **病因及发病条件**　属生理性病害，主要是由植株缺钙和硼引起，或因环境条件不良使植株在生育盛期对钙和硼的吸收受阻而引起体内元素失衡产生；其次为花芽分化阶段遇低温、日照不足，尤其是夜间温度低，造成花芽发育不良，易形成穿孔果。部分樱桃番茄品种在育苗阶段花芽分化期遇到连续 3～4 天夜温低于 8℃ 或昼温低于 16℃ 持续 5～7 天的情况，极易发生嫩茎或果实穿孔病。此外，在保护地栽培期间遇连续 3～5 天的阴雨低温天气与骤晴天交替进行时，也易发生嫩茎穿孔病。

3. **防治方法**

（1）增施有机肥和钙、硼肥　首先，定植前应多施腐熟有机肥，其中以施鸡粪为好；其次，亩随整地施入硅、钙肥 60 千克、硼砂 1～1.5 千克，可有效补充营养并预防发病。

（2）采用高畦双高垄栽培　整地时做成高 15～20 厘米的小高畦，中间开沟将两边培成高垄并覆盖地膜增加受光面积，以利于提高夜间地温。

（3）加强田间管理　番茄植株在遭受不良环境如低地温及低气温较长时间时，容易形成土壤中钙、硼、铁等元素的移动缓慢和吸收困难，较易发生此病。应注意加强保温管理，严寒时期晚揭早盖草苫，使最低气温不低于 10℃，地温不低于 14℃。同时在定植后随喷药每隔 7～10 天喷 1 次含硼、钙的叶面肥进行补肥。对于已发病植株，及早用钙硼肥 1 000 倍液喷雾，重点喷中上部茎叶，每隔 7～10 天喷 1 次，共喷 2～3 次，可有效控制嫩茎或果穿孔病的加重和扩展。

四、番茄 2,4 - D 药害的发生原因与防治

近年来，番茄 2,4 - D 药害导致的畸形果数量越来越多，严重影响了番茄的产量和品质。2,4 - D 是一种植物生长调节剂，可以有效地防止番茄因温度及光照不适宜番茄生长发育而引起的落花。但如果施用过量，或附近施用 2,4 - D 造成飘移危害，或施用含有 2,4 - D 的农药化肥等，番茄就会产生 2,4 - D 药害。

1. **发生症状**　受害番茄叶片或生长点向下弯曲，新生叶不能正常展开，且叶多、细长，叶缘扭曲成畸形，茎蔓凸起，颜色变浅，果实畸形。

2. **防治方法**

（1）适时处理　开花当天用 2,4 - D 抹花，在刚开花或半开花时抹花最好。未开花时不能处理，否则将抑制其生长而形成僵果；开过的花也不能处理，否则易形成裂果。若气温低，花数少，应每隔 2～3 天抹 1 次；盛花期每天或隔 1 天抹花 1 次。

（2）浓度要适当　若 2,4 - D 使用浓度过低时保花效果不明显，浓度过高易导致僵果和畸形果。2,4 - D 在番茄上的使用浓度一般为 10～20 毫克/千克，应根据棚内温度、湿度的变化配制对应浓度。温度低、湿度大则加大浓度。冬春季温度低时，浓度为 15～20 毫克/千克；温度高、湿度小则降低浓度为 10～15 毫克/千克。

抹花前可先做小片试验,再做大面积处理。

（3）加强肥水管理　2,4-D是一种植物生长调节剂,而非营养物质,因此必须结合肥水管理,以保障充分供给果实生长发育所需的养分。必要时,可喷洒植物增产调节剂或叶面肥,以利于植株尽快恢复正常生长。

（4）注意用药方法

1）采用浸蘸法　2,4-D处理,浸花的浓度应比涂花的浓度(10~20毫克/千克)稍低。浸蘸法是把基本开放的花序(已开放3~4朵花)放入盛有药液的容器中,浸没花柄后,立即取出,并将留在花上的多余药液在容器口刮掉,以防止发生畸形果或裂果。

2）防止重复抹花　每朵花只可处理1次,如重复处理易造成浓度过高,从而导致僵果和畸形果。在配制药液时,加入少量红色广告色做标记,即可避免重复抹花。

3）避免在炎热中午抹花　在强光、高温下,番茄植株耐药力弱,药剂活性增强,易产生药害。一般在10时前、16时后抹花最好。

4）2,4-D　该药是一种对双子叶植物有效的除草剂,在操作时,严禁喷洒,要避免触碰嫩茎叶和生长点,以免发生药害,使叶片皱缩变小。如果棚室内花的数量很多,可改用25~40毫克/千克防落素溶液喷花。

五、番茄激素中毒与番茄蕨叶病毒的区别

保护地内栽培的番茄为了防止落花、落果,促进早熟,经常使用植物生长调节剂,如2,4-D和番茄灵等。如果使用方法不当,就容易产生危害。其症状为叶片下弯,发硬,小叶不舒展,叶脉扭曲畸形;果实畸形,脐部产生乳头状突起。2,4-D浓度达到一定程度时,在番茄的茎叶上会产生明显的肿瘤。要防止生长激素的危害,就应该掌握其合理的使用方法。

1. **发生时间**　激素中毒是一渐进症状,常表现叶片向上卷曲僵硬,纹理(叶脉)较粗重、发硬。而蕨叶病毒叶片不是渐进式,得病后即表现出来,叶片卷曲,细如针、丝。激素中毒在保护地中往往表现为弱株叶片卷曲突出,点花越多,卷曲越重。病毒病则表现不出点花越多卷曲越重的特征。秋延后番茄定植越早,气温越高,激素中毒的可能性越大,为防止植株徒长,菜农往往在苗期使用矮壮素、助壮素、矮丰灵或多效唑,这样植株体内已经积累了很多激素,一旦做点花处理,中毒症状马上表现出来。

2. **发生部位**　激素中毒表现在叶片皱缩卷曲时,其颜色不变或更绿。而染病毒病的一般叶片颜色比正常株要淡。

六、番茄发生畸形花的原因与防治

1. **主要症状**　畸形花又称为"鬼花",表现多种多样,有的畸形花表现为2~4个雌蕊,具有多个柱头。有的畸形花雌蕊更多,且排列成扁柱状或带状,这种现象通常称为雌蕊"带化"。如畸形花不及时摘除,往往会结出畸形果。

2. **发生原因**　主要是花芽分化期间夜温过低所致。花芽分化,尤其第一花穗分

化时如夜温低于15℃,容易形成畸形花。苗床管理不当,出现连续数天的35℃高温,而且水分不足,使秧苗萎蔫,其生长锥的花芽不健全,也易出现畸形花。此外,土壤干湿不当,氮肥过多,以及有害气体等影响花芽的正常分化,也会形成畸形花。

3. **防治方法**

(1)环境调控　在花芽分化期,苗床白天温度应控制在24～25℃,夜间在15～17℃。在生长期间保证光照充足,湿度适宜,避免土壤过干或过湿。

(2)抑制植株徒长　不应采取降低夜温的办法抑制幼苗徒长,这样会产生大量畸形花。应采用少控温、多控水的办法进行抑制。

(3)科学施肥　确保苗床氮肥充足,但不可过多;磷、钾肥及钙、硼等中微量元素肥料要适量。

七、保护地番茄气害的发生原因与防治

1. **症状**

(1)氨害　番茄受氨气危害一般先在中位叶出现水浸状斑点,接着变成黄褐色,最后枯死,叶缘部分尤为明显。高浓度氨气还会使番茄叶肉组织崩坏,叶绿素分解,叶脉间出现点块状褐黑色伤斑,与正常组织间界线较为分明,严重时叶片下垂,甚至全株死亡。

(2)亚硝酸气害　番茄亚硝酸气害也是中位叶表现最剧烈,症状为叶缘或脉间出现水浸状斑点,迅速失绿呈黄褐色或黄白色,与其周围健全组织界线清楚,严重时全叶除叶脉外均失绿,呈黄褐色或黄白色枯斑,甚至全叶枯死。

2. **发生原因**

(1)过量施用氮肥　氨气和亚硝酸气两者都是因过多施用氮肥造成的,其中氨气是在保护地中施过量铵态氮肥和尿素,遇高温氮肥和尿素就易分解而逸出氨气,中性或偏碱性土壤条件下更易发生。当氨积累达到一定浓度,番茄就会中毒。产生亚硝酸气的原因是:土壤pH为5左右或更低,土温较低,土壤中氮素过多等。在一般土壤中,铵根离子在硝化细菌的作用下很快转变成硝酸,但当土壤温度较低、pH < 5时,硝化细菌的活性低于亚硝化细菌的活性,就会导致亚硝酸积累,此时如果土壤中留有相当数量的铵态氮,则不断生成亚硝酸,进而产生一氧化氮,后者在空气中氧化成亚硝酸气。

(2)土壤酸碱性　在同样的土壤质地和温度等条件下,中性和碱性条件容易产生氨气危害;而酸性条件则容易产生亚硝酸气危害。

(3)土壤质地　质地较黏重的土壤,对离子的吸附能力较强,气体不易产生和逸出;而沙质土则相反,气体容易产生和逸出。因此,沙质土上的保护地番茄要注意防治气害。

(4)不同品种的抗性　不同的品种对气害的抗性不一样。

3. **诊断**

(1)外形诊断　根据上述气害产生的危害症状来判别,特别注意观察气害发生

的叶位,以及受害部位和正常部位的界线。

(2)检测棚膜露滴的酸碱性 一般棚膜内亚硝酸气形成的露滴呈酸性,氨气形成的露滴呈碱性。因此,可以通过检测棚膜露滴的 pH 来诊断氨气和亚硝酸气的危害。露滴 pH 的检测通常在早晨换气之前用精密 pH 试纸取样进行。根据露滴 pH 的检测结果判断气体的种类及伤害的程度。

4. 防治方法

(1)选用适宜的氮肥品种,控制氮肥用量 土壤中氨气和亚硝酸气的逸出主要是由于土壤中过量氮的积累。因此,选用缓释性肥料和有机肥,控制肥料用量,是防治氨气和亚硝酸气毒害的关键。

(2)调节土壤 pH 土壤酸碱度直接影响到氨气和亚硝酸气的逸出,对酸性土应施用石灰和有机肥,以减少氨气的危害。

(3)其他防治方法 一旦遭受气体危害,应及时通风换气,灌水淋洗,驱除积累的有害气体。还可以施用硝化抑制剂,以阻止亚硝酸气的产生。

八、番茄盐害

保护地番茄在过量冲施复合肥或长期施肥过多后,会出现大量枯叶和花萼干尖,这是因为长期施肥过多,形成盐害所致。番茄是比较耐盐的作物,它可以在 0.5% 的盐浓度下生存。但据试验,番茄要正常生长,盐浓度不宜超过 0.3%。

在保护地番茄生产中,多数棚的化肥用量偏高。若按每次浇水 20 米^3,施肥 50 千克计算,其浓度为 0.25%;如施肥 75 千克,浓度即达 0.375%,而正常生长的番茄同步吸收水肥的比例仅在 0.2% 左右(这个数值因溶液的变化而变化)。这样,长时间的积累,土壤盐浓度很容易超过 0.3% 或 0.5%。

(1)症状 番茄在受到盐害时,表现为心叶卷曲,嫩叶及花萼部位有干尖现象;根尖及新根变褐色,植株矮化;番茄果肩部有深绿色条纹,与果实其他部位的颜色有明显区别;果实生长缓慢。受危害严重的植株甚至会出现黑根、缺绿、枯叶,最后萎蔫、死亡。不同的品种对盐分的耐受力有差异。

(2)原因 在棚室内,由于免受雨水的淋溶作用,土壤内矿物质元素肥料流失少,而土壤深层的盐分受土壤毛细管的提升作用,随土壤水分上升到土壤表层。这两种作用的结果是表层土壤溶液浓度逐年加大,当达到一定浓度时,就会产生盐害。

(3)防治方法

1)合理施肥 根据番茄对肥料吸收量的多少进行配方施肥。选择施用不带副成分的肥料,如尿素、磷酸二铵、硝酸钾等,尽量少施硫化物和氯化物。注重与有机肥料配合使用。高温期间应控制肥料用量。

2)休闲时撤膜 对于 1 年覆盖 1 次棚膜的棚室来说,撤膜的时间越长,防止盐分聚集的效果越好。

3)灌水除盐 渗水良好的棚里,可以加大灌水量,反复进行 2~3 次,让水带盐渗下。或在休棚时大量灌水。

4）换土　此外,深翻土壤,加强中耕松土,可以切断土壤毛细管,防止表层土壤盐分聚积。增施有机肥或其他疏松物质如稻壳、麦草、锯木屑等,不仅能改善土壤的物理性状,而且对土壤溶液浓度变化能起缓冲作用。换去表土,可以避免或减轻盐类聚积。

第七节　设施番茄自然灾害发生前后的预防与补救

一、大风天气

冬季或早春遇到8级以上的大风天气时,白天揭草苫后棚膜易出现烂膜现象,夜间常把草苫吹乱,使薄膜暴露,造成作物冻害。

应经常收听天气预报并及早采取防范措施。如拉紧压膜线、夜间固定草苫、白天及时放下草苫并压紧等。

二、暴风雪天气

遇暴风雪天气,外界气温不是很低时,白天可卷起草苫,以免草苫湿透影响保温,同时也应及时清除棚膜上积雪。外界气温下降急剧时,应随时清除草苫上的积雪,以免大雪压塌前屋面,或积雪融化,浸湿草苫,导致草苫结冰,影响保温效果。

三、强降温天气

强降温天气常可使外界气温急剧下降到 -10℃以下,此时揭开草苫易导致室内温度急剧下降。

晴天的情况下,白天可于中午短时揭开草苫见光升温。

连续阴天后再遇强降温,易使室内温度下降,造成冻害,此时应采取人工临时加热增温措施防冻害。如加扣小拱棚,外加草苫,棚面草苫外加盖纸被等保温覆盖物;离棚前沿底角20～30厘米处点燃蜡烛(1米1支),或在棚室内燃烧高科技产品"热得快",均可防止急骤降温导致的冻害。

四、连续阴天天气

连续阴天,室内热量得不到很好补充,热蓄量减少,棚内总体温度偏低,常处于番茄生长适宜温度的下限或偏低,影响番茄光合作用及其正常生育。

一般情况下,阴天的散射光仍能使棚温上升5～7℃,且有时的光强也在番茄的光补偿点以上,因此连阴天也要及时揭开草苫见光。主要是抓住中午短暂的温度较高的时段揭开草苫，或随揭随放，让番茄在短时间内见光。常用措施有：①采取提前扣棚，使墙体、地面尽量储热。②增施有机肥，靠微生物旺盛分解有机物而增温。③后墙内侧张挂反光幕。④人工临时加温或补光等。⑤在阴雨天到来时，尽量多采果，以利低温条件下植株的营养生长。

上述各项措施均可减轻或避免连续阴天对番茄的影响，各地可因地制宜、因时制宜地采用。若能将上述多项措施结合运用，效果更好。

五、久阴骤晴天气

冬春季节，由于受到灾害天气的影响，常连续几天不能揭草苫，天气转晴后揭草苫植株常出现萎蔫情况，严重时不能恢复而枯死。因此，遇久阴骤晴天气，棚室上覆盖的草苫不可一次揭完，应先隔 1~2 条揭 1 条，待棚室内地温缓慢回升，番茄植株根系具吸收功能时，再全部揭完。

此时应注意观察，发现萎蔫及时回苫，直至叶片完全恢复为止。严重时可进行叶面喷水，或用葡萄糖液＋农用链霉素进行叶面喷雾。

选用耐寒、耐弱光品种，培育壮苗，嫁接换根等，均能增强植株抗性，减轻或避免灾害性天气给番茄造成的影响。

六、冰雹灾害天气

夏秋季节的冰雹灾害，易把前屋面砸成很多孔洞。

应经常收听天气预报，在降雹前，及时盖草苫，或在棚膜上面 20~30 厘米处覆盖遮阳网，以防冰雹砸烂棚室表面覆盖的塑料薄膜，影响番茄生产。